まねき猫ホスピタルの診療日記

動物の患者さん

石井万寿美 著

水曜社

プロローグ

私の開業しているまねき猫ホスピタルは、大阪府のど真ん中に位置している守口市の、さらに中心地にある。一帯は商業地と小さな工場とマンションが混在し、東京で言ったら大田区の大森や蒲田、あるいは神奈川県の川崎市の工場地帯をイメージしてもらうといいだろう。住宅地の一角に立つオッシャレーな動物病院ならいいのだろうが、雑居ビルの一階の奥。国道一号線に面した表通り側に看板は出ているけれど、何せ目立たない。

日本全国の人が「大阪の人は声が大きくて、目立ちたがり」と思っているらしいが、みんながそうではない。なかでも私は、特に性格も態度も声も控えめなのだ（スタッフは「ウッソや～」と言うが）。

そんな私なので、病院の名前を考えるとき、せめて名前だけでも目立つようにと思ったのだ。まず、一目見たその日から、一度聞いたその時から「何や、これ」と興味を引く名前、絶対忘れないインパクトのある名前でなければならない。

「石井動物病院」……当たり前すぎ！　名字やなく名前を使ぅてみよ。「万寿美アニマルクリニック」……何やら怪しげな美容院かエステみたい。だいたい場所が焼肉屋さんやらオカマさんのバーも入っているビルやもんなぁ……。

そうだっ！　お客さんがたくさん来てくれるように、お客さんを招き寄せるように縁起のいいものがあるやない。招き猫。というわけで、「まねき猫ホスピタル」という名前にしたのだ、が……。

お客がたくさん来てくれるようにと、「まねき猫ホスピタル」という縁起のいい名前にしたのは確かやねんけど、インパクトのある名前という意味もあるんやけどなぁ……。

あに図らん哉、弟けしからん哉、である。問い合わせの電話だけはめっちゃたくさんかかる。

「あのー、そちら猫の病院ですか？」「猫以外の動物、診てもらえるやろか？」

こんなのは序の口。開業してすぐ、ある飲み屋さんからの電話。

「へぇ、まいど。うっとこの招き猫が壊れたんやけど、お宅で直してもらえますのん？　日銭商売やからねぇ。はよ直さな……」

絶句！　である。「まねき猫」→「まねき猫を扱う」、「ホスピタル」→「病院やから壊れたのを直す（治すのではない）んやな」ということなのだろうか。人間の発想力ってすごい。すごいけれど、けったいな名前のせいなのか、類は友を呼ぶのか、まねき猫ホスピタルには四季を通じて「おもろい飼い主」「けったいな飼い主」が訪れる。選りすぐりのエピソード、おっ楽しみにぃ！

目次

プロローグ……2

春

「さあ来たで、すぐ診てや!」いらちの人は疲れるわ……8
新人必修! 飼い主さんとの会話術……20
去勢手術にドタキャンが多い理由とは?……32
あ~ひつこい! 診療室は飲み屋やないで!……40
東京の獣医師と大阪の飼い主、「どっちがえげつない」?……50

夏

犬はお酒が飲めません!……62
ノミ絶滅大作戦……72
大阪の夏はイグアナの季節?……84
ペットの命を脅かすのは人間の懐具合!?……96
「動物のお医者さん」になるための進路相談……106

秋

飼い主さんは寿司屋のお客さんに似ている!? …… 118
「痛み止めありますか?」薬を買いに来る犬 …… 126
人も犬もダイエットにはひと苦労 …… 138
オッチャンのための「犬の性教育講座」 …… 152
まねき猫センセイ、中学校で教える …… 164

冬

猫からの贈り物 …… 186
「いのち」をめぐる飼い主と獣医師との信頼関係 …… 198
犬の口コミで病院が繁盛!? …… 206
オバチャンのしゃべくりに見る問診の技術とは? …… 216
節分の日に思う、この一年と次の一年 …… 228

エピローグ …… 238

イラスト／秋田綾子

春

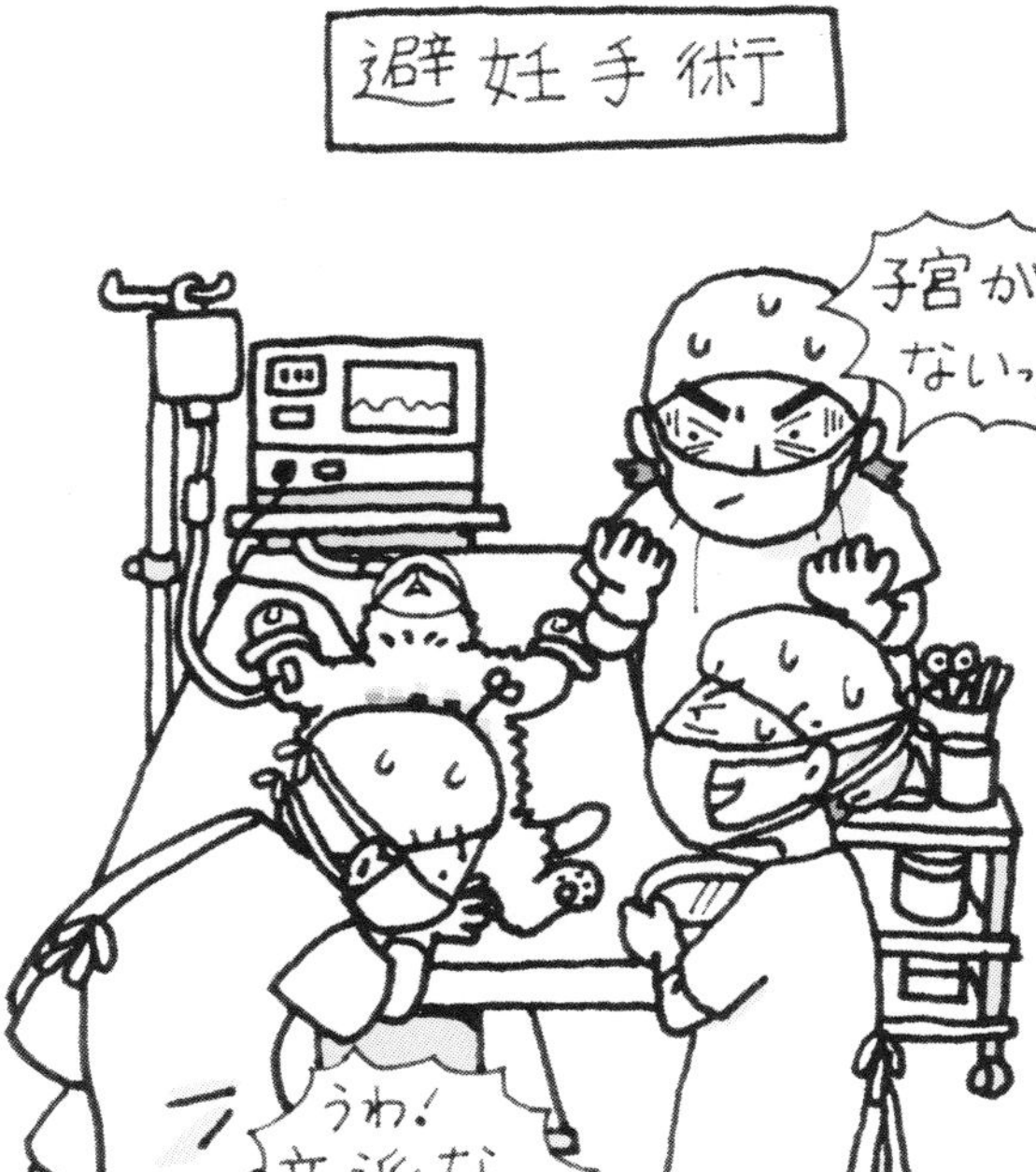
避妊手術
子宮がないっ!
うわ!
立派な
タマタマが!

「さあ来たで、すぐ診てや!」いらちの人は疲れるわ

・大阪人は待つのが嫌い

大阪人は、せっかちが多い。こういう人のことを「いらち」という。『大阪ことば事典』（牧村史陽編・講談社学術文庫）には、「いらつく人。せかせかする人。一つのことにおちついていられず、なにかせかせかとつぎの新しいことをやってみたい大阪人の一つの性格である」と書いてある。

「青になるまであと何秒」と表示が出る信号がある。横棒の赤い表示が一〇秒ごとに消えていって、青になるまでの秒数がわかる信号機が設置されたのは、大阪の中心街、梅田の横断歩道が最初。いつ青になるかわからない信号をじっと待っているのは、「はがいて（歯痒くて）ならん」。交差する方の信号が点滅しはじめると、待ちきれずに渡り始める人がいたからだ。

もうひとつ、大阪発祥の「いらち」のためのシステムがある。大阪の市バスが一九八〇年から導入した「バス・ロケーションシステム」。次のバスがどこまで来ているか、停留所に表示

されるようになっている。

要するに、大阪人は待つのが嫌い。待たせるのなら、「どんぐらい待たなあきまへんのん？」という疑問に、明確な答えが必要。こういう風土だから、動物病院も飼い主さんを待たせたらいけない。そして、待たせるときも、漠然と「じきに」（まもなく）と伝えるのではなく、「あと何分ぐらい」と時間を言ってあげないと、イライラするのだ。

そうした飼い主の行動、思考を思いやって診察するのも、獣医師の大きな役目ということだ。なかでも年度末の確定申告の時期、ご近所の商店主のオッチャンたちは、いらちに拍車どころかターボエンジンがかかってくる。ペットの具合が悪いときは、まず連れてきてくれればいいのだが、それさえももどかしいらしい。まず、電話だ。

「先生、電話です。『木下やけど、先生おる？』って。男の人みたいですけど、なんやえらい急いではって……」

と、スタッフに呼ばれた。「木下？　誰やろ。そんな彼氏も知り合いもいてへんし……」と思って電話に出る。「木下です」という声は、猫のミケちゃんの飼い主だった。

犬の飼い主同士では、名前は知らなくても「○○ちゃんのパパ」とか「××ちゃんの飼い主さん」で覚えていることがよくある。動物病院でも、先に猫や犬の名前を言ってもらえれば、その後で「○○の飼い主の誰それさん」と思い出す。

「ミケちゃん、どうされました？」

「ミケの目ぇがグチャグチャで、食欲もないんです。連れていかなあかんかな？」

目ぇがグチャグチャって？　交通事故にでも合うたんかしら？

「そやったら、すぐ来てください」

「そうや、お金だいぶんかかりまっか、いま手持ちの現金あんまりありませんねん」

「はぁ」

大阪の人は、お金に関してはきっちり言う。焦ってはいても、その点はしっかりしている。ただ、診てもいないうちに料金のことは判断できないから、私の返事はちょっと間の抜けたものになってしまった。

「つけといて！」

木下さんは、いらちの本領発揮。言うのと電話を切るのが、ほとんど同時だった。「やれやれ」という感じで、私は受話器を置いた。

つけは、もちろんやっていない。だが、木下さんの様子だと、緊急を要するようだ。お金が出来てからだと手遅れになるかもしれない。他の獣医師はどうしているかわからないけれど、こういう場合、とりあえず来院してもらうことにしている。

三月は、動物病院ではぼちぼちフィラリアの予防を始める季節でもある。その年の最初の予防薬を飲ませる前には、血液検査をするのが望ましい。寄生していた場合、薬を飲ませたことで死んだフィラリアが血管や心臓に詰まってショック死することもあるからだ。そういうこともあって、木下さんが来た時、病院はちょっと混んでいた。

待合室から、診察室を覗き込むようにしているのがチラッと見えた。ミケちゃんを入れたキャリーバッグを持って、目から肩から、とにかく全身からイライラのオーラを発散している。声をかけようと思った瞬間、新人のスタッフが間も悪く尋ねてしまった。

●さあ来た！　さあ診て！

「すいません。どちらさんですか」

木下さんは、「なんやねんな！」という顔になる。

動物病院では動物を診察するが、話をする相手は飼い主である。話を聞いて動物を診て、また飼い主に話を聞く。人医（私たちは獣医師に対して、人間相手の医者をこう呼ぶ）なら患者と一対一のやりとりで済むのだが、そうはいかない。また、プライバシーの点から診察室と待合室が隔てられている人医と違って、待合室には診察室の話が聞こえてくる。気が急いている人は、そのやりとりももどかしく感じる。他の飼い主さんも待っているから、自分の順番はなかなか回って来ないように思えるのだ。

まして、いらちの木下さん。いまさっき電話したのだから、すぐに診察してもらわないと気がすまないのだ。

大阪では、そんな時は相手を見て「その場で絵をかけ」という。順番どおり規則どおりにやっていては、うまくいかない。臨機応変に、その場その場で対策を考えてすぐさまとりかかるという柔軟さが必要なのだ。敏速に対処ができると、よく気のつく子と評価されるが、そうでなければ「どんくさい子ぉやなぁ」と言われてしまう。

この場合なら、木下さんはイライラしている。しかも救急に近い。だが、入って間もない新人スタッフに「絵をかけ」というのは、ちょっとかわいそうだ。私は、木下さんがいらちの人だと知っていたので、診察の手を止め、すぐに受付にいった。

「木下さん、この患者さんの処置の最中ですから。済んだらすぐ診せてもらいますんで。ちょっと待ってくださいね。ミケちゃん、どないしたん?」

そう言いながら、キャリーの中を覗き込む。

「まあ、ミケちゃん、どうしたん、その顔」

たしかに、キャリーのドア越しに目が赤くなって腫れ上がっているのが見えた。交通事故ではないが、救急であることは間違いない。

「店あけっぱなしにしてきたから、はよしてや」

なるほど、いらちでなくても、それはあわてるはずだ。

普段は、診察前や後に飼い主さんと雑談しているのだが、その時間はない。診察と処置を手早く済ませて、待っている方を飛ばして木下さんの番にしないといけない。

私と木下さんの会話を聞いて、スタッフが「急患ですので、このコ先にしますので」と待っている飼い主に断る。新人スタッフはあわててカルテを出す。木下さんを診察室に呼び込み、ミケを診察台に乗せてもらう。

ミケの目は、眼球が見えないぐらいに、結膜と瞬膜が真っ赤に腫れあがっている。目がグチャグチャになっているように見えるのは、目の周りの粘膜が熟れたイチゴのように膿んでいるためだ。鼻汁も出て、鼻で息が出来ないので、「開口呼吸」といって口を開けて息をしている。喉からはゼイゼイ、ヒュウヒュウ、ブシュブシュという音が聞こえる。

瞬膜というのは、上下のまぶたのほかにある「第三のまぶた」のこと。ふだんはまぶたの下に隠されているが、目に何か当たりそうになったときにシャッターのようになって眼球を保護する役目がある。リラックスしているときに出ることもあるが、ミケのようになっているのは、病気の兆候、それもウイルス感染症だ。

飼い主にしてみれば、「いまにも死にそう」と大騒ぎをして気が急くのもわかる。

「五日ほど前の雨の降ってる日に、出ていきよりましてね。まる一日、帰って来なかったんですわ。心配して、そらあ探しに行きましたでー。雨でボトボトになりながら。世間体とかそんなもん気にせんと、ミケー、ミケーいうて呼んでね」

その日、大阪は冷たいみぞれ混じりの雨が降っていた。風も強く、病院から帰宅を急いでいると、傘をさしていてもコートはびしょびしょになり、手はかじかんだ。

「あの雨が激しい日ですか？」

「そうでんがな。おかげで、私も風邪ひいてしまいましたがな」

ミケの肛門から体温計抜き取ってみると、四〇度を超えている。熱が出ているせいなのか寒いのか、体が小刻みに震えている。

猫ウイルス性鼻気管炎（ＦＶＲ）か猫カリシウイルス感染症（ＦＣＶ）に間違いない。ＦＶＲはヘルペスウイルス、ＦＣＶはカリシウイルスが原因の病気で、感染した猫のくしゃみや分泌物、あるいは直接の接触で感染する。

どちらも混合ワクチンで予防できるのだが、子猫や産後で体力が落ちている猫、年を取った猫は発病する可能性がある。カリシウイルスは、飼い主が外で感染猫に触ったりして服や靴、手に着けて持ち込むこともある。

●ミケは「猫のインフルエンザ」に

いずれにしろ、ミケは冷たい雨風に一晩さらされて体力が落ちたところで、感染したのだろう。だとすると、感染から五日……さほど病気は進行していないはずだ。

私は、木下さんと話をしながら、ミケの目の周りや口の中をチェックした。目のまわりは炎症して膿んでいる状態、口内の粘膜や舌には炎症はない。

ＦＶＲは「猫の鼻風邪」、ＦＣＶは「猫のインフルエンザ」とも呼ばれている。初期症状は、食欲不振やくしゃみ、鼻水、発熱、目やになど。その後、結膜炎や口内炎などの粘膜の炎症が起き、瞬膜も腫れる。さらに症状が進んで、ＦＶＲでは下痢などの脱水症状、ＦＣＶでは目や口、舌の炎症が潰瘍になって肺炎を起こしたりするようになると、きわめて危険な状態になる。ミケの胸に聴診器を当ててみた。息はゼエゼエ言っているが咳はしていない。症状は進んでいないけれども、集中的な治療が必要だ。

「ウイルスに感染しててちょっと危険な状態なんで、数日お預かりしていいですか？」

「そんなに悪いんですか？」

「こんな状態だと、こじらすと恐いんです。遺伝子組み替えの注射をしてから、脱水せんように点滴を打って、安静にさせて体力を回復させたほうがいいと思います」

「その遺伝子なんたらいう注射、なんですの？」

「キメロンていって、猫ちゃんの抵抗力を高めてあげる薬なんです」

正式名称は「キメロン―ＨＣ」。ウイルスには抗生物質は効かないから、基本的に人間のインフルエンザと同じように、猫も抵抗力を高めてウイルスの増殖を抑え込むしかない。そうした働きを持つものを抗体というのだが、キメロンはヘルペスとカリシ両方のウイルスに効果のある混合抗体なのだ。

「そんなたいそうな薬、お金、ようけいるんでっしゃろ？　なんぼ？」

こういうとき、私は大阪の人のストレートな反応がありがたいと思う。先に金額の話をはっきりと伝えておけば、飼い主も納得する。これが治療が終わった後だと、「えーっ、そんなに高かったの?」とか、場合によっては「そっちで勝手にやったんだから」と面倒なことになったりすることもあるからだ。

「これ一本が四キログラムの猫ちゃん用なんです。これで二万円近くかかります」

そう言って、私は薬のアンプルを取り出して見せた。

「これが二万?!」

木下さんは、息を呑むように言って、後は無言になった。手術をして二万円とか五万円とか払うのだったら理解できるだろう。しかし、たった四〇ミリグラム、一ミリリットルもないほんのわずかな量。その液体が二万円。理解しろというのが無理かもしれない。

「使う量は、一キロ単位で増減するって決まっているんでね。ミケちゃんは三キロを超えてますから、この四分の三ちょっとを注射することになります」

「ミケに保険、ききませんやろ」

「そうですね。ただ、いま打っておけば、すごく効くと思いますよ」

炎症を抑える抗生物質と、脱水を抑える水分・栄養補給の点滴で治療するという方法もある。通ってもらうことになるし、その間は家で清潔な状態にして、安静にさせていなければならない。何より体力の回復が必要だし、炎症を起こしている細胞が細菌に感染したりするとやっかいになるからだ。しかも、そうなった時点でキメロンを注射しても、いま打つほど劇的な効果は期待できない。

「わかりました。そのかわり、つけということで」

いらちの飼い主は、こちらにテキパキとすることを要求する分、納得のいく処置と説明をすれば決断は早い。私は、返事をするかわりに深くうなずいて、ミケをそっと抱き上げた。体がぐったりしている。私に、どうにかして、と訴えかけているようにも思える。

健康なときなら毛がふわりとしているのに、いまのミケの毛はごわごわでパサパサだ。「大丈夫よ、恐がらなくて」と声をかけた。スタッフが保育器のスイッチを押して、プラスチックで囲われた空間を温めた。人間用の保育器と同じで、中は三八度ぐらいに設定されている。ミケをそこに入れると、心地いいのか目を閉じて震えが止まった。キメロンを注射をして、点滴を施した。

しばらくすると、ミケは緊張がほぐれたのか、保育器の中でまどろみ、寝入ってしまった。その晩、私は処置室でミケを眺めていた。キメロンは劇的に効き、翌日の昼には体温は三八度代の平熱になった。目の周りの粘膜も、熟したイチゴ色からうすい桃色へと変って、眼球が粘膜の間からわずかに見えるまで回復した。

二日後、ミケは迎えにきた木下さんに連れられて、家に帰った。だが、数回は来院してもらわなければならない。治ったといっても、一度感染したら、カリシウイルスは体内に居座ることがある。そういう状態を「キャリア」というのだが、だいたい二割前後の猫がキャリアになると言われている。抵抗力や免疫力が落ちたら発病することもあるのだ。それに、ウイルスの寿命は数年あるから、忘れた頃に発病する可能性もある。

●いらちの人は……やっぱり疲れる

とはいえ、ミケは一か月ほどで元気になった。いらちの木下さんは、あわただしく来院して、あわただしく帰る。そのときそのときの治療費は清算するのだが、キメロンの分はまだだった。私の癖で、動物が治ってしまうと、お金の精算をすっかり忘れてしまう。五月のある日、商店街で買い物をしていたら、聞いたことのある声が私を呼んだ。

「先生、先生！」

「ああ、木下さん」

私は会釈だけして、通りすぎようとした。木下さんはツカツカと近寄って来て、私の耳元でささやいた。

「今日、診察代を払いにいきまっさ。今日は払お思てても、先生が忙しそうにしてはるから、いっつも忘れてしまうねん。今日はボクもヒマやから。何時に行ったらよろしいかな。いまいっしょに行きまひょか」

ヒマだというわりには、やっぱり木下さんはいらちだ。でも、その性格が、今回はミケの命を救ったのかもしれないのだから、一概に難儀な人とは言えない。

「そうでしたね。ほな、後で病院が開いた頃に来てください」

「ほな、何時ごろやったらすいてますか。ほら、ボク店あけっぱなしにするから。あ、そや、すきそうな時間になったら電話ください。とんでいきまっ！」

やっぱり、いらちの人は……疲れる。

新人必修！　飼い主さんとの会話術

●獣医師はノーマルか？

春は、何もかもが新しい。新年度に新学期に新入生に新入社員……そしてこの四月、まねき猫ホスピタルにも新人獣医師、松田先生がやってきた。

彼女のお父さんは京都大学の医学部のお医者さんで、以前に私はよく実験の手伝いをさせていただいていた。彼女は人の医者ではなく獣医師の道を選び、岐阜大学を卒業した。

ドラマにもなった『動物のお医者さん』、そして私の著書『動物のお医者さんになりたい』シリーズとそれを原案にした日本テレビのドラマ『愛犬ロシナンテの災難』などがきっかけとなり、いまや獣医学部は入りにくい人気の学部になっている。

競争率も偏差値もかなり高い。受験生の意気込みも違う。偏差値のレベルが合うので獣医学部でも受けておこうというタイプではなく、頭のいい子が「何が何でも獣医師になりたい」と受験する。しかも松田先生の卒業した大学は国立だ。私立で、楽な時代に受験した私とは、獣医師を目指したスタート時点で気合いが違う。

とはいえ、臨床経験は別。この守口市で開業して十数年、私はベテラン獣医師として院長として、彼女に獣医学だけではなく、飼い主学を伝えないといけない。というわけで、診療が始まる前の小一時間ほど、スタッフを交えて彼女と雑談のようにして飼い主への応対やらを話すのが日課になった。

話すのは、病院の仕事のことばかりではない。とくに、四月から五月の動物病院は狂犬病の予防注射やフィラリアを飲ませる前の検査があるので大忙し。たまには、息抜きの世間話もする。この日は、子どもの頃に何をして遊んだかという話題になった。

「やっぱり人形遊びですよ」

とスタッフが口々にいう。バービー人形、ジェニーちゃん、リカちゃんと、それぞれ年代によって分かれる。私の時代は、リカちゃん。「リカちゃんのボーイフレンドは渉くんやった」などという話で盛り上がる。二名のスタッフは、「リカちゃんは可愛らしすぎるんで、断然ジェニーちゃん」ということだった。

「それで、先生、人形いくつ持ってはる？」

とスタッフが私に聞く。当然、はるか昔のことなので、いくつあったか記憶にない。

スタッフは、当時持っていた数だけでなく、ドレスだとか家具だとかの話を始めた。聞きながら、「え〜っ、みんな人形に対して思い入れが深いん？」と驚いてしまった。

もしかして、幼い頃の私はものすご変わった女の子やったんやろか？　おや、松田先生も、この会話に加わってへんわ。

「松田先生は人形遊びした？　リカちゃんとか、いやジェニーちゃんかな？」

「ええと、私はちょっと……」

松田先生は、何をいまさら聞くの？と言った感じでキョトンとした顔している。

「そんなにせえへんかったやろ？」

「はぁ……まぁ……」

「みんなが遊んどったから、まあ自分も持っとったいう程度やろ？」

と、さらに追求する私。松田先生は、大きく頷く。よかった、私だけではないと思った直後、はたと不安になった。

ちょっと待ってぇな。いま、この病院の中で、人形遊びをしとったという人の方が多いということは……やっぱり、たくさん職業がある中で獣医師を選ぶ女性は、小学校の頃から遊び方も普通の子と違うて、人形遊びにそれほど関心がないちゅうことやろか。

私は、自分ではノーマルな人間で、そんな変わった人種ではないと思っていた。確かに獣医師の中には変わった人は多いけれど、「私は絶対に違う！」と。

初対面の人には、よく「獣医さんには見えませんね」と言われるのだが、「ほな、獣医さんに見える人て、どないな人やねん？」と思うことがある。土曜日の朝日新聞に藤巻健史氏の書く「フジマキに聞け」というコラムがある。二〇〇五年の一月二九日に次のようなことを書いている。

　前に所属していたクラブで、玄関から入ってきた男性が「先生、おはようございます」と私の隣に座っていた年配の男性に向ってあいさつした。男性はこう答えた。「お座り」。

　きっとこの先生は獣医に違いない。

　そんなアホな、と突っ込みをいれて読んでいた。藤巻氏は、元モルガン銀行東京支店長という肩書きの人で、そういう意味ではきっと常識的な人なのだろう。その人に、「獣医師とは他人に『お座り』という言葉を使う人種」と思われているらしい。う～ん、やっぱり世間の人には、獣医師は変わった存在だと思われているのか。

　それでも私は「獣医師＝変わった人。でも私は違うの」と思っていた。その確信が、いまぐらついている。ひょっとしたら、違うかも？　私もひょっとしたら変わっている？

　常々、松田先生に「飼い主さんと普通に話ができなあかんよ。動物のことだけ知っとったらええわけやないからね。開業獣医師には一般人の一般常識も必要やねん」と話しているのだが、松田先生とのやりとりで「私、もしかしたらヤバイかも……」と思い始めた。そういえば、獣医師の知り合いが増えれば増えるほど、獣医師同士の付き合いが深くなればなるほど、「私は変わっている」という感覚がマヒしてしまっているのかも。つまり、世間が狭くなっているのかもと気づいたのだ。

●ごちそうは「ウシの腰椎筋ステーキ」

思い当るフシがある。大学時代の同級生、佐藤君との一件だ。

佐藤君は大学を卒業した後、アメリカのペンシルバニア大学やフランスのリヨン大学で学んで帰国。札幌で開業した。私のところのような弱小動物病院と違い、八名の獣医師七名の動物看護士がいて、本院と分院の二つで派手に手広くやっている。カメやヘビの手術もできるし、なんとウニや魚にも麻酔をかける。スペインでタンカー事故があると聞けば、重油まみれになった鳥を助けにすっ飛んでいく。最近では、イラクの動物園の動物たちの保護にも参加した。五匹の猫、黒ラブ、二匹のイタリアン・グレーハウンド、シーズー、マルチーズ、そして一パイのカニのお父さん。四か国語（英語とフランス語と北海道弁と標準語）を流暢にあやつり、飛行機嫌い（そんな人が、よう海外に行かはるなぁと感心しているが）で、前世はモンシロチョウだったという、スーパー獣医なのだ（なんのこっちゃ）。

彼と一緒に運営している「ほろ酔いまねき猫」というサイトが三周年を迎えるので、掲示板に書き込んでいる獣医学生なども呼んでオフ会を開こうということになった。彼が、札幌の自宅を会場として開放してくれるという。

「料理は、ボクの方で用意するから。いかにも北海道っていうやつ」

学生時代は、毛ガニやウニのおいしい食べ方を私たち本土出身者に教えてくれ、今も浜や漁港に行っておいしい海の幸を満喫しているグルメの佐藤君。どんなおいしいものがそろうのだろうと、全員が楽しみにしていた。

「いい鹿肉が手に入ったんだ」

「ええ？　鹿！」

私にとっては、鹿は原野にいるもので食べるものではない。

「野生？　それとも北海道には鹿牧場とかあるん？」

「野生だよ。脂肪少ないし、ヘルシーで美味しいんだぜ」

ということは、蝦夷鹿……。学生の頃、酪農実習に行った時に牧草地をゆったり蝦夷鹿が歩いているのを見たことがある。ちょっと手を伸ばせば届きそうなほどすぐ近くを、大きな動物が通りすぎ、北海道の自然の大きさを感じた。怖いというより、すげえ～と心の中で叫んだものだ。しかし（シャレやないで）、あれを食べるわけ？

牛などの解剖学実習をするまでは、私の中では肉は肉でしかなかった。が、血管やら神経やら各筋肉の名称を覚えるようになると、私たちが食べる「肉」と呼んでいるところは内臓ではなく筋肉に他ならないということをはじめて知った。

大阪では、いわゆる「肉」のほかに、ホルモンという肉がある。だが解剖学実習で、それが実は胃、腸などの内臓であり、それにニンニクやら入れて濃い味付けにしたものだということも知った。ニワトリの解体実習では、モツ煮込みなどに入っていたニワトリの玉ヒモが卵の始まりを食べているのだと教えられた。これらの臓器が、鶏肉屋さんで綺麗に整えられてショーウインドウに並んでいると知って大きく頷いたものだ。

やがて、ロースは僧坊筋や三角筋、サーロインは広背筋、ヒレ肉は腰椎筋、モモ肉は大腿四頭筋や大腿二頭筋などと覚えるようになる。あげく、肉屋でランプ肉を見ると「あ、臀筋だ」などと考えるようになってしまう。そこで、思わずこう聞いた。

「それで、どこの筋肉を食べるの？」

普通の女の人なら、「どんな味？」とか「フランス料理みたい」なんて言うのだろう。だが、私は、牧草地を駆けていた蝦夷鹿の体を思い出してしまった。あの引き締まった体のどこに食べられる筋肉（肉ではない）があるのだろうかと思ったのだ。

「野生の鹿で筋肉って言ったら、やっぱり後肢かな？」

「う〜ん、たぶん大腿四頭筋だと思うけど、俺が解剖したんじゃないからわからない」

「解剖やないやろ？　解体やろ」

自分たちはノーマルな会話をしているつもりだったのだが、集まってくれた人たちの反応が「エッ？」という感じなのに気がついた。獣医師の卵、とくに一回生や二回生たちも同様に、怪訝な顔をしている。ただし、卒業間近の六回生や国家試験を通ったインターンたちは、気にしていない。つまり、より獣医師に近い者たちほど、これから食べる肉のことを「筋肉」とか「解剖」などと言ってしまい、それを変だとは思わないのだ。

あのときは、「解剖だなんて、要するに解体という意味ね」と笑って済んでいた。

だが、私を含めて獣医師にはアブノーマルな部分があるのかもしれない。鹿肉の件といい、お人形遊びの件といい、もしかしたら、世間の感覚から若干ずれているのかもしれない。

とくに、大阪の動物病院は、飼い主と「しゃべってなんぼ」「かけあいしてなんぼ」というところがある。症状や治療の説明をするのに、いきなり専門用語をぶちかましても、相手はちんぷんかんぷんかもしれない。それに、病名というのは、けっこう仰々しいものが多い。

あるとき、一〇歳を過ぎた犬の診察をしていた。胸に聴診器を当てると、かすかにゼーゼーという雑音がした。だが、私はつい口に出してしまった。

「僧帽弁閉鎖不全症かもしれませんね」

「えっ、先生っ、なんだすて？　ソーボーベンヘーサフゼンショー？　そら、ごっつむつかしい病気だすか。手術だっか、入院せなあきまへんか。ぶっちゃけた話、ほんまのこと言うたってください。私も覚悟はできてますから」

説明しようとして、私はさらに追い打ちをかけてしまった。

「いいえ、あの心臓弁膜症の軽いやつで……」

言いおわる前に飼い主のオバチャンはパニックになってしまった。おろおろして、泣きださんばかり。

なんとかなだめて、時間をみつけて説明していた。年を取ると、どの犬も心臓の弁、とくに左側の締まりがある程度は悪くなるものだ。激しい運動をさせないようにして心臓に負担をかけなければいいのだし、症状が進めば薬を服用させればよい。フードも処方食にすれば大丈夫だからと。

●動物病院会話術指南

とにかく、話すのは大事だし、話術も必要だが、飼い主がびっくりしないように言葉を選ばなければと、松田先生に教えてあげた。そんな一日が終わって、後片付けをしながら松田先生に聞いてみた。

「飼い主さんと話すの難しいでしょう?」

「そうですね。診察のことやったらいいんですけれどね。雑談になると、何を話したらいいのか、ようわかりませんね」

私は、動物病院の会話術を説明するために、たとえ話を始めた。

「こんなたとえ話があるねん。黒の札入れが欲しかってん。それもな、普通のでなくマチがなくて、ごく薄うてやわらかなやつ」

「はあ……」

「そういう札入れが欲しゅうて、梅田の百貨店に入ってん」

梅田は、大阪キタの中心地。阪急、阪神と地下鉄が集中する、文字どおりのターミナルである。

「ほんでな、店のおやじさんにな、『これこれの札入れ欲しいんやけど』てゆうたんやて。でも、その店にはないねん。ほたら、おやじさんなんちゅうたか」

「そうですねえ、『ちょっと切らしてますわ。入ったらお知らせします』かな」

「うん、まあ親切なおやじさんやな。せやけど、それやと普通でおもろないやん」

松田先生は、大阪に住んだことがない。大学は岐阜だし、今は奈良から2時間近くかけて通っている。飼い主との会話術でそんなことを尋ねられたのが、不思議なようだ。

「大阪で一般的な答えは、『惜しいなあ、きのうまであってん』やね」

「そんなぁ、ほんまに都合のいい話。大阪の人、『嘘や』て怒りませんの」

松田先生は三人兄弟の長女で、おっとり育っている。「いとはん」（お嬢さん）という言葉がしっくりくるタイプ。私がからかってもケタケタと笑っているほど、とても素直な性格だ。だから、こうした「あからさまな嘘」にもストレートな反応を示す。

「もちろん、買いに来た人も、嘘やてわかってるねん。けどな、おやじさんが、たった一言『あれへん』ゆうたら、身も蓋もない。『さよか』で終わってもうて、後が続かへん。もうご縁はないということやね」

「どういうことなんですか?」

「店の人にすれば、この客は注文ばかりつけて、ほんまは買う気がないのかもしれへんと思う。けど、札入れは欲しいのやと推理する。そこは大阪商人や。『あれへん』『おまへんな』と言ったら、それで会話がおしまいや」

「たしかに、それっきりですなぁ」

「せやけど、『惜しいなあ』やったら、『しゃあないな。ほな、また寄らせてもらいますわ』てなるやん。そこで、『まあまあ、こういうのやったらありますけど、どないだ?』て、なんのかんのと別の商品を見せて、買ってもらおうというわけやね。江戸時代から商売の街やった大阪の人には、そんな感覚が平成になっても遺伝子に組み込まれているのかもしれへんね。客の方も、いちおう『どれどれ』と見るだけは見る。で、まあまあ気に入って、値段も手頃やったら買う。そこが、大阪のオモロイところなんや」

「石井先生、それと動物病院の会話術とどうつながりますの?」

「動物を連れてくるのは飼い主、人間や。いま話した大阪の店の人と大阪の客は、お互いの考えやら胸の内やらを推し量りながら会話してたんやね。この病院に来る飼い主も、大阪のオッチャンやオバチャンやろ。動物の命を救うことも治療をすることも大切やけど、その飼い主の人たちのことも、ようわかっとかんと、ちゃんとした治療は出来へんと思うねん」

「はあ、わかりました」

「忙しい飼い主が、フィラリア薬だけ取りにきたときに、『ワンちゃん元気にしてますかー』と、まず尋ねてみることやね。そしたら、『そやそや、この話はいっぺん先生に聞かなあかんな』って気になる症状を思い出すこともあるものなの。それが実は病気の危険因子だったということも、よくあるし。だから、まず声をかけて会話してみてほしいな」

「わかりました。そしたら、私も頑張ってみます」

「大学ではそんなこと教えてくれへんから難しいとは思うけど、勉強しようとか思わんと、まずは動いてみることかな」

松田先生は、きれいにビューラーであげたまつげを伏せて、少し考えている。こんな感覚的なことをいわれて、戸惑っているのだろう。

「ようわからん言い方やったねー。動かすいうのが難しかったら、『口に出してみる』と言えばわかるかなぁ?」

「口に出してみる?」

「そうやなー。ワンちゃんや猫ちゃんの名前を言って、元気にしてるかを尋ねるというのから始めたらいいかもしれへんわ」

そのようにして、コミュニケーションを楽しむ。大阪の会話は、たとえビジネスであっても、ただ用件が伝わればいいというものではない。相手に絡んで突っ込んでみるのだ。

新米獣医師、松田先生には積極的に会話を楽しみ、そこから自分で学ぶ姿勢を持ち続けていてほしい。そうすると、飼い主さんが私たちに物語ることで、いろいろなことを教えてくれる。その経験が、人間味のあるプロフェッショナルな獣医師を育ててくれるのかもしれない。

去勢手術にドタキャンが多い理由とは?

・猫のお腹が大きくなった!

冬の夜、「ニャア〜」「ギャア〜」という声が聞こえてくる。高校時代、学年末試験のために夜遅くまで勉強していると、その声をよく耳にした。「近所で赤ちゃんが夜泣きしてんのやなぁ。寝かしつけるのたいへんやろなぁ」などと暢気なことを考えていた。それが、発情期の猫の声だったと知ったのは、大学に入ってからだ。そんな人間が、よくもまあ獣医師になろうなんて考えたものだと、今となっては恥ずかしいかぎりである。

さて、年が明けると猫の発情が始まり、梅が咲き始めたなと思う時期までに交尾から妊娠、そして桜前線が話題になる頃が子猫誕生のピークになる。

人間の出産は一回で通常は一人、多くても二人ぐらいだが、猫の場合は三頭から六頭ぐらい産む。女の子を一頭飼っていて、「一回ぐらいはええやろ」と思って出産させたら、一気に猫屋敷になってしまったとあわてる飼い主がけっこういる。

春まだ浅いある日、常連の山下さんのシーズー、プーちゃんを診察していた。

「いつも、犬を診てもらっているけれど、先生、『まねき猫』ちゅう名前やから、もちろん猫も診てはるよね～」

尋ねられた私は、プーちゃんの体重をカルテに書き込みながらうなずいた。

「猫ちゃん、飼わはるんですか」

「私が飼っているわけではないんですけど、先生に相談がありますねん」

相談というからには、けっこう難しい病気なのかもしれない。よく、「知り合いの人から、これこれの病気で悩んでんのやけど、あんたとこの獣医さんに聞いてみてくれへんて言われて」という質問がある。

できるかぎり答えてあげたいのだが、しつけや問題行動の矯正は飼い主や犬の個性によって異なる。病気にしても、実際に診てみないと何とも言えないし、無責任に答えるわけにはいかない。へたに「そういう症状なら××という病気かも」と言おうものなら、相手はそれを信じ込んでしまって、まちがった治療をしてしまいかねないからだ。

さらに、「まぁかせなさぁい。私がどうにでもしてあげる」と言えればいいのだが、すべての動物のすべての病気・治療に自信があるわけではない。獣医師を二〇年近くしていると、自分に治せる病気と手も足も出ない病気があることを知る。だから、「はぁ……」と頼りのない返事をしてしまうのだ。

「マンションの下に居座っている猫、どうもお腹が大きゅうなってきたんですわ」

「ノラやったら避妊手術してませんからね、発情期になったらすぐに子どもできますからね。猫の妊娠期間は六〇日ちょっとやから、お腹が大きいな思うんやったら四〇日は過ぎてますね。どうかすると、もう一週間せんうちに産まれるかもしれませんね」

山下さんは言葉を呑み込んだ。あらぬかたを見たまま、悩んでいる様子だ。

「私ね、キャットフードあげてますねん。もちろん、ちゃんと掃除して皿も片づけてるんやけど。猫が嫌いな人もいてててね。ウロウロしている猫、目のかたきにしてはって。それがマンションで問題になって……。せやのに、これ以上増えたら、大問題ですわ」

「連れて来てくれはったら、避妊手術させてもらいますよ」

「してもらいたいのはヤマヤマなんですけど、外の子やからね～。前から、どこかで飼ってくれはる人をさがそう思てましてな。エサは食べに来るんですけれど、いざ捕まえようと近づくと、パァーッて逃げますねん」

ウンチの掃除やエサやりに後片付け、さらには里親探しまで、山下さんは、山下さんなりにいろいろとされたようだ。闇雲に、私に頼みにきたわけではないらしい。

「困ったぁ。連れて来なあきまへんなぁ。どないしょう」

「ゲージの中に好物を入れておびきよせるしかないでしょうね」

その言葉が、山下さんを後押ししたようだ。プーちゃんの診察が終わると「よっしゃっ」というようにきびすを返して、診察室から出ていった。

最近、ある一定の地域の猫を近所の住人で世話をする、いわゆる「地域猫」の話題を新聞やテレビで取り上げている。大阪でも、そうして面倒を見ている人は多い。食事の世話をしたり、病気のときには私のところへ連れてくることもある。庭にウンチやオシッコをされたり花壇を掘り返したりするので、近所には迷惑がる人もいる。もちろん、根っからの猫嫌いの人もいる。風当たりも厳しいから、世話をする人たちは、たいてい打ち明け話でもするように、こっそり話し出す。自分のへそくりをネコに回す人もいるので、家族には内緒にしている人もいた。都会の片隅で生きている猫たちを地域猫として世話するなら、近隣住民の理解を得ることと同時に、ただエサをやって可愛がるだけでなく、これ以上は増えないように避妊・去勢手術をすることも必要だ。そんなわけで、まねき猫ホスピタルにも、地域猫が避妊や去勢手術を受けにやってくるようになった。

●女の子なのに立派な○○が！

二日後、診療開始と同時に、山下さんが六〇代のオバチャンとともに大慌てでやって来た。二人でキャリーケースを抱えている。

「先生っ、先生っ！　今朝うまいこと捕まえましてん。もう、お腹パンパンなんで、今日明日ぐらいには産まれるかもしれません。先生、助けたってくださいっ！」

山下さんは自分のお腹の前で手を動かしてみせた。診察台に置かれたケースを覗き込んだ。真っ白な長毛の猫が、目をランランと輝かせてこちらを見ている。

「食事は？」

人間の手術でもそうだが、胃に未消化の食べ物が残っていると麻酔の影響で吐いてしまい、気管を詰まらせてしまうことがある。緊急手術以外では、動物も手術の前は食事抜きにしなければならない。

「朝早く六時頃に、好物のささ身につられてこのゲージに入りました。今まで何もやってませんから、一〇時間は食べてませんので」

「わかりました。じゃあ、すぐにかかりましょう」

「お世話になります。こんな面倒なことを頼んで、すいませんなぁ。これ、もらいもんですけれど、みなさんで召し上がってください」

と、山下さんが菓子箱を差し出した。私の病院では、避妊手術代だけもらって入院費用は請求していない。だから、山下さんにもそう伝えてあった。その代わりにという心尽くしの菓子の礼を言い、私は急いで手術の用意をして避妊手術に取りかかった。

消毒して毛を剃り、下腹部の皮膚に触れて子宮と卵巣の大きさ、形、血管の走り方をイメージする。子猫が産まれる直前の子宮には、子猫に養分を補給するために血液が多めに流れている。切る位置をちょっとでも間違えると、大量に出血してしまうからだ。血管をざっと眺めた後で、皮膚をメスで切り皮下組織を裂き、腹筋を切った。

膀胱の奥（背中側、仰向けになっているから膀胱の下になる）にある子宮を探り、その上にある卵巣を捜す……だが、見つからない。膀胱と大腸はあるのだが、捜しても捜してもないのだ。脳天から血液がサーッとひいて、首筋のあたりがキュッとすぼまる気がした。体中から、どっと冷や汗が湧き出るのを感じだ。

おかしい！　太い血管が走る子宮があるはずなのに……そうやっ！

ひょっとしてと思って、私は手術台の脇にかがみこんで、股ぐらを覗き込んだ。ワサワサの毛の中に、コロコロとした精巣、つまりタマタマが見えるような気がする。

「えっ、なんで、あんなにお腹が大きい言うとったやん、なんでこんなんあるん？」

と、心の中で叫んだ。毛を掻き分けて確認したいが、私は滅菌済みの外科用手袋をしている。まだ、内臓をお腹に納めて縫合するという処置が残っているから、直接触ることはできない。

スタッフに向かって、

「なぁ、なぁ、この子、タマタマあるかどうか見てて」

と叫んだ。

「先生っ！　立派なんがありまっせ！」

そう、この子は女の子ではなく、立派なタマタマを持っている男の子だったのだ。ペルシャと見間違えるほど毛が長かったので、仰向けに保定した時でさえ精巣は見えにくい。お腹が大きかったのは、もともとコロッとした体形のうえに、みんなに可愛がられておいしいものをたくさん食べていたからかもしれない。加えて、山下さんが「もうじき生まれそう」「お腹がだんだん大きくなってきた」と言うのを鵜呑みにして信じた私がいけない。どんな理由を並べて見ても、この子は、まさしく「痛くもない腹」を探られた。いい迷惑だ。

「ごめんな。痛ぅないように、あんじょう治したるさかいな。許したってな」

改めて去勢手術をした後で、謝りながら縫合手術を終えた。山下さんにはことのてん末を伝えた。数日後、元気になった猫ちゃんは、来たときと同じようにキャリーケースに入れられて、山下さんに連れられて帰っていった。

マンション敷地内に戻った猫ちゃんが元気にしているという山下さんの電話があった。

●オッチャンはつらいんや！

わが病院は、たしかに「壊れた招き猫の置物の修理をして」とか「居酒屋を始めるので、縁起のいい招き猫を届けてほしい」だの、けったいな名前をつけたせいで、けったいな依頼も多い。

その一方で、ユニークなネーミングのおかげで、山下さんのような猫の避妊・去勢手術の依頼も多い。その点は、自分のセンスを自画自賛している。

ところが、ときにはこんなこともある。あるオッチャンが飼っている猫の避妊と去勢手術を予約していた。「さあ、今日は手術や」と病院に出勤。すでにスタッフが手術の準備を始めていたのだが、避妊手術の用意しかしていない。電話では、避妊と去勢手術を頼まれたのに。

「あれ、去勢の準備、入ってないで」

「『避妊だけにしとくわ』というキャンセルの電話入ったんで、去勢手術はないです」

電話で話した時、最初は「メスのキョセイ」と言っていた。「オスもしたほうがいいのか」についてては、少し悩んでいたのかもしれない。

実は、去勢手術についてオッチャンたちが悩みに悩むのは、いつものことなのだ。去勢手術の予約していても、直前になってキャンセルの連絡が来ることはしばしばある。たいていは、奥さんが「主人が反対しているので……」と言ってくる。おもしろいのは、奥さんが反対してキャンセルというのはほとんどないことだ。

ものの一五分もあれば済む、簡単な手術だ。術後の回復も早く、翌日には犬も猫も何ごともなかったように元気に暮らしている。しかし、飼っている犬や猫の「精巣を取る」、つまりタマタマを取ることに男性の飼い主が悩み苦しみ、あげくのはてにキャンセル。そういう例は、日本だけでなく欧米諸国でも多いそうだ。アメリカなどでは、取った後にセラミックなどで作った無害なボールを入れてくれという依頼もあるという。

オッチャンにとって、タマタマというものはたいへんにシンボリックなものであるらしい。

やれやれ、男はたいへんんだ。

あ〜ひつこい！　診療室は飲み屋やないで！

・暑苦しい日に暑苦しい飼い主

梅雨入り直前から、大阪はムシムシしている。まだ五月末だというのに、三〇度を超える日もあったりする。爽やかな季節に慣れた体は、まだ暑さに適応しきれない。犬同様に、舌を出してハアハアやりたいぐらいだ。

さて、こんな暑苦しい日に限って、暑苦しいタイプの飼い主がやってくる（なんや、吉本新喜劇の「ト書」みたいやな）。といっても、太っているということではない。コテコテの大阪のオッチャンである。診察の合間に、茶茶を入れてくるとか何か一言ぐらいおもろいことを言わんと気がすまんというタイプ。大阪の言葉で「ねちこい」。「執拗」とか「ねちねちしている」「ねばり強い」というような意味だ。同時に、「ひつこい」。こちらは「しつこい」の大阪訛り。とにかく「くどい」という感じである。

基本的にしゃべらない患者さん、つまり犬や猫を相手にしているので、私はこういうタイプが苦手である。

できるなら、そんな飼い主とはなるべく話さずに済ませたい。診察台に動物が乗せられる。様子をちらっと見ただけで、「ああ、心臓がだいぶん弱っていますな。夜明け前とかに咳をしているでしょう。そうでしょう、そうでしょう、私にはわかるんですわ」と言えたらいいのだが……。

あるいは、彼らに「どうされました？」と直接、問診したい。だが、私はドリトル先生でもソロモン王でもない。というわけで、悲しいかな、飼い主にいろいろと細かいことまで尋ねなければならないのだ。

今日やって来たオッチャンが飼っている猫は、腎不全か、それよりやや症状の軽い腎機能不全の疑いがある。診察台に乗せても沈鬱な表情をしている。ちょっとぐらい元気が残っているようなら逃げようとするけれど、じっとしている。初期の症状は、水をたくさん飲んでオシッコをたくさん出す、いわゆる多飲多尿。そのほかに食欲不振、嘔吐、沈鬱などの症状もある。

「どれぐらい食べているんですか？　うずくまってたりしていませんか？　オシッコをたくさんしていると言いましたけど、ウンチはどうですか？」

このあと検査をして、場合によっては輸液やホルモン剤の投与、療法食の処方など、やらなければならないことがたくさんある。ややこし（複雑な）ことがぎょーさんあんねんからな、問診はちゃっちゃと済ませたい。

その気配を察したのか、オッチャンは小指の先を見せて答えた。

「これぐらいでっかね?」

が、すぐにいつものペースになる。

「せやけど、うんー、そうやな。ボク昼間は働いてまっしゃろ」

あのね、オッチャン、私は何も、飼い主の私生活を聞きたいわけではないねん。飼い主の口を通して、猫の状態を聞きたいだけなの。

「フードの用意やらトイレの片づけは、ボクだけがしているんですよ。せやから、どれぐらい食べて、どれぐらいウンチをしているかは、知ってますけど……おらん時のこと、ようわかりませんのや」

そう言って、食べさせているフードの種類と量を教える。そして、ウンチの量と状態、回数を説明する。私は、真剣に聞いてうなずく。

前フリなしに、最初からそう言うたらええやん。まあ、それでも真っ当なペースになってきたやないの。

● ついていけんわ、オッチャンのペース

だが、甘かった。オッチャンは若い(当然、私はオッチャンより若い)女性から声をかけられ(問診しただけやで)、さらに話を聞いてもらえて勘違いしたらしい。いきなり、とんでも

ないことを聞いてくる。

「そや、前から聞こう聞こうと思てたんですけれど、先生ひとり暮らしでっか?」

おっとっと、こけそうになった。なんやて?　なんで、私のこと聞くわけ?　そんなことどうでもよろし。猫の症状だけを教えてぇな。猫ちゃん、治さないかんのやから。

食べている量やウンチについては、だいたいわかった。オッチャンの質問を無視して、次の質問。

「オシッコは、ふつうにしてますの?」

オッチャンは、ひと呼吸おいて次のように答えた。

「先生、お酒、飲まはります?」

「はあ～?」

もうついていけない。最後の「あ～」は、ほとんど叫び声に近い。

「飲まはるんやったら、ようわかる」

「なにがですかっ?（もう何言うてんのや！）」

ちょっと語気が荒くなる。でも、オッチャンは飄々として、首と肩を揺らしながら話を続けた。

「酔うてこう千鳥足になるやないですか。自分ではちゃんと歩いてるつもりやけど、まっすぐ歩けへんちゅう。あんな感じでこの子、トイレのところまで行ってまっせ」

オッチャンは、私の質問に忠実に答えるのではなく、あっちゃこっちゃに飛ばしながら会話を楽しもうというつもりなのだ。

そーゆーことやったら私も腹くくるわ。オッチャンがその気やったら、そのペースで診察したろ。なんでも聞かんかい！　なんでも答えたる！　責任者呼んでこ～い！

私はプロだ。切れかけて、そう叫びたいのをぐっとこらえて、診察を続けた。

「トイレ以外でそそ（粗相）をすることはないんですね」

猫はきれい好きだ。トイレのしつけも楽だ。トイレ以外でするのは、病気の場合と、環境が変わったとか新しい猫を飼ったとか、あるいは縄張りを誇示するマーキングのときぐらい。そうではないのにトイレ以外でするようなら、かなり具合が悪いということになる。

「そうでんな。え～、しそうで、しない」

「じゃあ、いつもトイレに行ってするんですね」

「こいつにもこいつの意地ちゅうもんが、おますねんやろな。ほんまは、その辺でしたいんやと思いまっせ。でも、千鳥足でトイレまで行くんですわ」

返答はストレートではないものの、オッチャンの観察は適確かもしれない。そして、ヨロヨロしながらもトイレに行ってする猫を誇らしく思っているのがわかる。ここは、お追従のひとつも言っておこう（私も人間ができてきたものだ）。

「猫ちゃん、お行儀いいですね。もどしたりはないんですか？」

「水飲みたそうにしているけど、なかなか飲みまへんねん。なんかの拍子で飲んだ思ても、すぐ吐いてますわ。胃も悪いんでっしゃろか」

「う〜ん、それだったら、もっと頻繁に吐くと思いますよ。腎臓が悪いのははっきりしてますが、胃が悪いかどうかは……血液検査の結果を見てみないとね。吐くとき、猫ちゃんどんな様子ですか？」

「そや先生、お酒いけるんでっしゃろ？」

また、お酒の話？　私がお酒を飲もうが飲むまいが、関係ないとは思うが……。

「二日酔いの時、むかむかするやないですか。そんな感じに見えますな」

オッチャンは、それなりに説明しようとしているらしい。ここは、きっちり答えてあげよう。

「この子、腎不全ぎみなんでね。血液中に尿素がたまってしまってるんですよ。いわば不純物。だから気持ちが悪くて吐いてしまうんですよ」

「でも、先生。こいつオシッコ出てまっせ。それでも腎臓が悪いんでっか」

よしよし、こっちのペースになってきた。

「そうですね。この病気は、初期のうちはよくたくさん水を飲んでたくさんオシッコをするので、『糖尿病かな』いうて来られる飼い主さんが多いんですよ」

「へぇ、猫も糖尿病になるんでっか？」

「もちろんありますけど、腎臓病に比べたら少ないですね。腎臓病の初期のうちは、本当なら再吸収しないといけない体に必要な水分も、尿として出てしまうんです。だから、水をよく飲むんですよ。だけど、症状が進んで血液中に尿素がたまりだすと、お水も飲まなくなりますね」

「こいつが、腎臓悪いとはね」

私は、猫の病状のことになると懸命に答えている。オッチャンも猫好きなので、医学的なことを話し出すと真剣に聞き、真っ当な相づちを打っている。これが、本来あるべき飼い主と獣医師の会話だ。

「まあ、先生、難しいことはようわかりませんけど、それで、治りまっか?」

「ウーン……」

「先生、ウーンではあきませんがな。治るか治れへんか、きっちり聞いとかな。こっちも心積もりがありまっから」

「検査の結果が出て、一週間か二週間、様子を見てからでないとなんとも言えません。絶対ということはないですけれど、完治しない子が多いですね。十歳過ぎた猫ちゃんは、腎臓病と仲良くつきあっていくということになりますね。長期戦は覚悟してください。お金もかかりますし」

腎不全の治療は、尿の量を増やすための輸液と、老廃物を取り除くための投薬である。そして、それと並行して食事療法を行なう。最近では猫や犬用の人工透析装置もできているが、まだまだ臨床的ではないので、基本的にはこの三つを気長に続けるしかない。

「そういうことは、先生、ボクの飲み代減らして、この子に回せということでっか。しゃぁない。その間は、飲むことを少し我慢しますわ」

オッチャンは、お猪口で酒を飲むまねをする。

「そうですね。この子にためにも、飲むのをやめといた方がいいですね」

「わかりました。ほな、頑張ってみます。飲みに行くのはやめにしまっさ」

オッチャンが、猫のことを本当に大事にして可愛がっているのがわかった。うんうん、これこそ正しい動物病院の診察室だ……。

● 診察室は飲み屋やないで！

診察が終わった。私はいつもの「お大事に」にニッコリ笑顔をプラスしようと思ったのだが、次の一言で、すべてわやになった。

「その代わり、先生、一緒に飲みませんか。今度、酒をかかえてきまっさかい」

オッチャン、何言うてんの。

「ここは、お酒を飲む場所やないんですよ！」

「おかまいなく、立ち飲みでええんです。ボクのところは診察時間の最後にしてもらって、診察が終わったら診察台をテーブルにして」

そうではない。場所とかイスとかテーブルのことではない。

「あのね、ここは居酒屋やないんですよ。お酒なんて飲めるわけないでしょう！」

「気にせんといて。『あて（つまみ）に野菜の含め煮やら関東炊きやらが欲しい』とか面倒なこと言いませんから。たくあんを切ったのとか、油揚げ焼いて生姜で食べるとか、簡単なものでいいでっせ。それで飲めたら最高ですなぁ」

オッチャン、そーゆーこっちゃないやろ。話がずれてるで！　なんでうちで料理出さんならんの！　ここは、バシッと言うたらな。

「そんな、あほな。診察室は神聖な場所です。そんなことしません」

ねちこい、ひつこいオッチャンは、それでも引き下がらない。

「でもね、先生、この子の治療の一環や思てやってみてくださいよ」

「そりゃあ、猫ちゃんがよくなると聞いたら、どうしょうかな、思いますけどね」

「そうでっしゃろ、先生」

オッチャンは、乗り気で詰めよってくる。

「でも、やっぱりやめときますわ」

「たくさんのことは要求しませんから。ちょっと酒の相手だけしてもらったらいいですので。目先が変わっただけでも、おいしいもんでっせ」

「惚れた相手やったら、料理作ってお酌したりしよ思うけど。いくら猫のため言われてもねぇ」

「そうでっか、あきまへんか」

「中年の男の人ってほんま図々しいわ」

最後に冗談めかして言うと、オッチャンは真面目な顔で首をかしげている。

「え〜、図々しい中年男やないですよ。ボクなんか小心ものですけど……」

どこが？

「ハッハハハ。ま、べつにせいてるわけではないですし。今度、ほろ酔いに気分になった時に、また寄らせてもらいまっさ」

オッチャン、まったくめげてない。「よっこらしょ」と猫を抱きかかえて帰っていった。

腎臓病の治療は、ずっと続く。ということは、あのオッチャンにはこれから定期的に通ってもらわなければならない。「一緒に飲みまひょ」というのを無下に断ったから、ちゃんと次の診察に来てくれるのだろうかと心配になった。

来てくれたとしても、今日みたいな診察になるのは疲れる。診療時間終了間際に「酒飲みまひょ」と来られるのも困るし……。

「ほんまに、難儀なオッチャンや……」

東京の獣医師と大阪の飼い主、「どっちがえげつない」？

・えげつない獣医の話

蒸し暑い梅雨入りの季節、「ねちこい」オッチャンとの会話は疲れた。一日が終わって夜も更けてくると、さすがにまだ五月の末。日中は三〇度近くあった気温もずいぶん下がり、肌寒いくらいになった。大学の同級生の中田くんと久々に会うことにしていたのだが、鉄板を挟んで「お好焼きがええなぁ」ということになった。

お互いに獣医師だから、まず話すのは治療した病気のことや、新しい薬とか治療法。つまりは、近況報告を兼ねた情報交換だ。学会などだけでなく、こうした仲間同士の交流は欠かせない。ただし、なぜかたいていはアルコール込みということになるのだが……。

学生時代はヒョロッとスリムだった中田クンも、十数年の時を経ていまはお腹も出て、バスケットの選手から相撲取りに転向したような体型だ。生ビールで乾杯すると、豚イカ玉、モダン焼き、ネギ焼き……次々と焼いては切り、切っては食べる。

中田クンは食べるのに忙しく、聞いているのかいないのか。トキソプラズマの話をしても皮膚病の話をしてもノミの話をしても、「ハフハフ」に続けて「フンフン」とうなずくだけ。相当にお腹がすいているらしい。

「メルマガとかホームページで、飼い主の人と話しててておもろかったことやら気がついたことやら書いてるねん。それを配信してると、読者からの感想とか質問もよう来るねん」

「ハフハフ……フンフン」

もう、勝手にせえっ！

「なかには、ときどき獣医に向けた苦情も来るんよ。そんなもん私に言われてもどないすんの？　ゆう話もあるし。ほんまに、そんな獣医いてるの？　ゆうのもおんねん」

「そら、人それぞれやから、おるやろなー」

ようやくまともな返事が来た。見ると、鉄板の上には、お好焼きの周辺についている欠片が残っているだけ。なんや、食べるもんがのうなったからか……。

「それがな、えげつない獣医やねん。こんなことしよったら、大阪やったら次からだぁれも来んようになると思うけど、東京は違うみたいやな」

「えげつない」とは、『大阪ことば事典』（牧村史陽編／講談社刊）によると、「濃厚な、辛辣な、酷烈不快な」という意味の大阪弁。ちなみに、「ひどい」は大阪で「えぐい」と言う。その上が「えげつない」。さらに悪辣でひどいのは「めっちゃえげつない」。

「猫を連れて病院に行ったらしんよ。どうも、アレルギー性皮膚炎やったみたいでな」

「ますみちゃーん。それがなんで、えげつない話になるんや。ますみちゃんの話は前置きが長いな。あっ、おネエちゃん、生ビール大とブタイカタマ、お願い」

大阪では、男性が店の女性店員を呼ぶ場合、どんなお年寄りでも「おネエちゃん」だ。東京で、みのもんたさんが女性すべてを「お嬢さん」と呼ぶみたいなものか。ところで、ブタイカタマとは、具に豚肉とイカを使うお好焼きのこと（まんまですけど）。

「あんた、まだ食べるの？　食欲があるのはええことやけど、食べ過ぎいうのも健康に悪いよ」

「いらちの飼い主さんやらねちこい飼い主さんやら、ユーチョウな飼い主さんやらが次々に来てな。昼ご飯、食べられへんかったんから。お腹も落ち着いたし、これからはゆっくり食べながら話、聞かせてもらうわ。アレルギー性皮膚炎の猫ちゃんのことやったな」

なるほど、いちおうは聞いていたのか。ほな、「えげつない」の本題に入るで。

「その獣医さん、薬だけやと治らんからて療法用の処方食出したらしんよ」

生ビールとブタイカタマがやってきた。私は、ジョッキにちょっと残っていたビールを飲み干して喉を潤し、店員さんに生ビールの中ジョッキを頼んでから、話を続けた。

「ふつう、私らやったら缶詰とりあえずひとつかふたつしか出さへんけどな。そこ、いきなり一ケース出すんやて。つまり二四缶！」

「えっうっそー！　ほんまに？」

中田クンは、お好焼きを焼く手を止めた。開業獣医として、彼はお客さん（動物とその飼い主）には「やさしく、親切に、愛想よく」をモットーにしている。

犬や猫は、主食をいきなり別のものに変えるとお腹をこわしてしまう。それまで食べていたものの成分や栄養素に、消化器がなじんでいるからだ。変えるときは、一日目は旧九割に対して新一割、次の日は八対二……というようにして、徐々に変えていかなければならない。

それに、人間の食べ物でもそうだが、処方食は一般食に比べるとやや味が落ちる。とくに、ダイエット食はそうだ。人間ならまずくても我慢して食べるが、犬や猫では口をつけない。そうなると、別のタイプの処方食に変えたり、好物（ささ身や魚）を混ぜたりトッピングしてでも食べさせなければならない。まったく食べなければ一ケースのほとんどが無駄になるし、治ったら残った分は当面は必要なくなる。長持ちするとはいっても、賞味期限はある。ドライフードなどは開封しても数か月は大丈夫だと言われているが、一か月もたてば食べさせるわけにはいかないだろう。

「大阪の飼い主やったら、そんなん出されても絶対買わへんで。そんなんわかってるから、ボクは『いくつ出しまひょ?』て聞いてるもん」

「そうやな、『薬飲んでるから、フードはいらん』って、処方食を出されるのもイヤやていわはる人もおるしね」

「そうやろ。ボクんとこでも、アトピーの子ぉがおってな。薬漬けにさして悪いな、堪忍やで思て、それよりは食事で治したった方がええと思てな」

人間界のアトピーも増えてきているが、動物たちにも増えてきている。たとえば犬は、一昔前なら皮膚病になりやすい犬種や毛色というものがあった。犬種でいうと、シーズー、ポメラニアン、ウエストハイランド・ホワイトテリア、ラブラドール・レトリーバーなどだ。

ところが、最近では柴犬にアトピー性皮膚炎がよくみられるようになった。暑さと湿気の多い夏にみられた皮膚炎も、一年中だ。都会では冬の乾燥や地球温暖化、大気汚染も関わっているようだ。アレルギー性のものは、マンションなど家屋の密閉性が高まり、ハウスダストがたまってノミやダニが繁殖しやすくなったせいもあるかもしれない。

食生活でいうと、ほんとうに専用のフードだけ食べさせていればいいのかという疑問も出てくる。昔は味噌汁をかけたご飯を食べさせられていた柴犬が、ドッグフードを食べるようになってアトピーにかかりやすくなったのではないかという人もいる。

塩分は論外だが、栄養面ではたまには米飯や野菜などを混ぜるのはいいことなのかもしれない。そういう意味では、環境を変えるのは難しいが、食べ物を変えることはすぐにできる。それで少しでも体質が改善したり症状が治まったりするはずなのだ。その話をすると、中田クンは「そのとおりや！」というように、力強くうなずく。が、すぐにその顔がくもった。

●えげつない飼い主は節約家？

「俺なんかドライフード、最小単位の五〇〇グラムの小っさい袋の出したってん」

「そんで、どないしたん」

「二、三日したら『ウチの子食べへんから、お金返してほしい』て。いっちゃん少のうて安いやつやのに、もう袋も開けてもうて。ますみちゃんとこ、そんなことない？」

「開けてない缶詰やったら持って来はることもあるな。それでも、みんながみんな『お金返して』とは言いはらへんで。なかには、食べへんのはもったいないからて言うて『引き取ってください。他の子ぉに使ぉたって』て言わはる人もいてはるよ。もちろん無料で」

「そら、えらい奇特な人やなぁ」

「さすがに、封切った缶詰やらドライフード持ってこられたことはないなぁ」

「いや、それがあるねんて。ボクも又聞きなんやけどな。缶詰開けて半分出したら、ワンちゃんちょっと口つけただけで食べへんかったらしいわ。ほんで、その飼い主さん『半分は出してあるから、半額返して』て……」

「え〜、えげつな〜」

「そやろ。せやから、ますみちゃんの言うた、その東京の獣医さんな。ボクらと同じように、薬漬けにせんように思たんちゃう？　たしかに、いきなり一ケースちゅうのはどうかと思うけど、封切ったフード返しに来る方がえげつないんちゃう？」

「でもな、東京の飼い主さん、『一ケースいらん。二、三個で』て、よう言わんと思う。それに、余ってもよう返しに来られへんのやないかなぁ」

大阪の人は、よく「シブチン」（けち）とか「ガメツイ」（欲深い）と言われる。でも、使わなかったもの手をつけなかったもの戻して、その代金を返してもらうのは当然の権利といえる。決して「イケズ」（根性悪）でも「ビンボタレ（貧乏症）」でもない。節約家でプラグマティストなのだ。

「そうかぁ、大阪のオバチャンらは現実的やから、食べへんかったらお金返してもらおうとするわな。その点、東京の人は『ええかっこしー』のところがあるからな。あっ、でもそれがわかってて一ケース出しよるのやったら、そらえげつないわ」

「ますみちゃんとこ、処方食出すとき、どうしてんねん」

「まあ、最初はだいたい一つか二つやね」

「大阪は、やっぱり一つぐらいずつしか出さへんよな」

「そやね。とくに猫ちゃんはグルメやから、匂いを嗅いでいややったら『フンッ』いうて一口も食べへんこともあるもんな。病気のためやからいうて心を鬼にして、おいしくないかもしれないけど空腹であきらめて食べるまで待ついう飼い主さんて少ないしなぁ」

「それに、いまやったら、処方食もいろんなメーカーから出てるし」

そうなのだ、私が新米獣医の頃は処方食を出しているのは外国の一、二のメーカー限られていた。最近は、国内外のメーカーが作っている。しかも、サイズ、素材、味のバラエティも豊富になった。だから、これがダメならこっち、こっちがイヤならあっちと変えてみることもできる。

ただ、食餌療法の問題は、ひとつには薬の劇的な効き目に比べると、やや時間がかかるということ。そして、処方食は市販のフードに比べて割高という点だ。しかも、犬や猫にとっては食べ慣れたフードに比べると、あまりおいしくない。

「結局、高うても少し時間がかかっても、飼い主さんが体のためにはて思うて処方食を受け入れてくれるかどうか、続けてくれるかどうかやね。飼い主と獣医師の信頼関係が成り立っているかどうかにかかってんのかな」

「大阪の商店のオッチャンが言う『大道あきないと違いまっせ』ゆうやつやな」

「大道あきない」とは、道端で物を売っていて、次の日は別の場所へ行ってしまう商売のこと。買って帰って広げてみたら欠陥品だったことがわかって、翌日文句を言いに行っても、もういない。もちろんアフターサービスもなし。「ウチはそれとは違う。ちゃんと後々まで責任とりまっせ」という意味だ。

「私らも、動物の命を預かってるから責任は重大。大道あきないではないよね。しかも、犬や猫の嗜好のことも考えんならんし」

「そのうえに、飼い主の経済的なことも考えんと……」

「ほな、中田クン、どないしたらええやろ」

「うん、試食してもらう。デパチカみたいにな、小っさい食器にちょこっとずつ入れて並べるねん。ほんで、喜んで食べたものを出すちゅうわけや。ええ考えやと思えへん?」

「人間とちゃうから、無理やで。とくに猫は環境変わると緊張するし。どこでもここでも食べへんやん。まして病院やで」

中田クンは、「それもそうだ」というようにうなずいた。ジョッキをしばらく眺めて何事か考えていたが、思いついたように言った。

「そや、ボクんとこで何匹かの猫ちゃんしばらく預かって、どのフードが一番人気があるか研究してみよか」

「いい考かもしれへんけど、慣れて病院の中を猫ちゃんたちが自由に歩き回ったらどうなる? 交尾はするわ喧嘩はするわ。第一、病気の猫ちゃんやで。衛生面のことも考えとかんと」

鉄板を挟んで、二人の獣医師は首をうなだれた。

「やっぱり、試供品を何種類か渡して、よう食べたいうのを出すのがええんやろな。なんぼ健康のためいうても、食べへんかもしらんものを出すわけにはいかへんもん」

「飼い主さんあっての獣医やから、そうやって意思の疎通をはからんとな」

余るかもしれないのに、いきなり一ケース出すというのは「えげつない」と、大阪の獣医師は思う。逆に、余ったものを買い戻せというのは「えげつない」と、東京の獣医師は思うかもしれない。お互いに、自分たちの方法・考え方がベターであり、それの「どこが悪いねん」と思っているだけなのかもしれない。

ただ、少なくとも私と中田クンは「儲かりまっか」「ぼちぼちでんな」と挨拶する文化圏で、獣医師として成長してきた。東京で開業している同級生からの話を考え合わせると、東京の飼い主の方が値段に対しては寛大なようだ。だが、心のなかで「こんな高いもの一ケースも売りつけるなんて」と思っているのかもしれない。

「そう考えたら、『戻すから、お金返して』て言う大阪の飼い主さんの方が、気持ちがようけ通じ合うんとちゃう？」

メルマガの読者の投稿から、飼い主と獣医師の関係にまで話が広がった。それもこれも「高いなぁ、まけてぇな」「そら殺生やで、堪忍しとくなはれ」とストレートに言い合える大阪で生まれ育ち、なおかつ同級生の獣医師同士だからかもしれない。

動物病院を開業したことで、動物の相手をしているだけでなく、飼い主の心理や考え方についても勉強させてもらえた。しかも、東西の文化の違いまで、さまざまな知識を持つことができるようになった。

飲み干してカラになったジョッキの底を見ながら、友人に、飼い主に、そして誰よりも動物たちに感謝した。

夏

恐竜の診察

犬はお酒が飲めません！

●酔って立ち寄る常連、川辺さん

「先生、いてはりまっか？」

ほろ酔い加減の人に特有の、やけに明るくて大きな声、いややわぁ。また酔っ払ってはるなぁ……。こんなとこに開業せんかったらよかったかも……。

春と夏が行ったり来たりする、初夏のホワッとした気候。日中は汗ばむけれど、日が落ちると一枚羽織ってちょうどいい。そんな季節になると、ときどきほろ酔いの飼い主がやってくる。

私の動物病院、「まねき猫ホスピタル」は、大阪、守口市の繁華街の一角にある。そうした土地柄、日中に仕事をしている人がペットをつれてこられるように、診療時間は夕方四時から夜十時まで。完全な夜型である。

診療開始から二時間ほどすると、勤めを終えて家に帰ってからペットをつれてくる人が多くなる。同時に、勤め帰りにちょっとひっかけて酔った人も、ときどきやってくる。水商売の店に囲まれているから、「もう一軒」みたいな気分でふらっと入りやすいのだろうか。とにかく、かかりつけの動物病院を行きつけの飲み屋のように、いい気分の冷やかし半分に顔を見せるのだ。

今夜の常連客、いや飼い主は、川辺さんだった。川辺さんは五十代半ばくらい。大手電気メーカーの下請け工場を経営している。ちょっと赤い顔をして、千鳥足ぎみに待合室に入ってきた。今夜はいつになくご機嫌の様子だ。

「最近、ちょっと体がだるおまんねん。わしも診てもらお思て」

あんた、元気いっぱいやないの。湯上がりのリンゴみたいな血色のええ顔して。ええか、何度もゆうてるけど私は獣医師や。人間は診ないの、わかってるやん。診たら即、獣医師免許取り上げや！

と心で思っても、言葉では出ない。とっさに気のきいた口がきけるほどの機転もない。だからといって、愛想よく応対してあげられる愛嬌も持ち合わせていない。

気ぃのきいた話し相手が欲しければ、二階のバーに行ったらええやん。打てば響く、当意即妙、話し出したら朝までノンストップのケイコママが相手をしてくれるわ。その代わり、ただじゃすまないけど。お金のことだけやないでぇ。

という言葉も出てこない。そこで、とりあえずアイちゃんの具合を聞く。

「ああ、川辺さん、アイちゃんは元気にしてますか？」

「アイは、そらもう元気にしてまっせ。何でも食べて困ってますねん」

アイちゃんはラブラドール・レトリーバーの女の子。二歳になる。アルコールの入っていないときの川辺さんは、ごく普通の飼い主だ。アイちゃんを連れて来ているときは、冗談ひとつ言わないのだが、酔うとギャグのひとつは飛ばさないと気が済まないらしい。でも、いまはまだ宵の口。つき合ってはいられないの、私は。

「ラブちゃんは食欲旺盛ですから、体重とか気ぃつけてあげてくださいね」

私が冗談につき合わないので、川辺さんは拍子抜けしたようだ。

「そうでんな。いっぺん、体重計りに来ますわ」

そう言って、入ってきたときと同じ、千鳥足で出て行った。

川辺さんは、仕事場を閉めて帰り道でちょっと一杯ひっかけると寄りたくなるらしい。ときどきこうして赤い顔を見せる。

ただ、病院が混雑しているときは顔を出さないところを見ると、彼なりに気は使っているようだ。

夏の間、散歩中に石を食べたと言って、青い顔をして石混じりのウンチを持ってきた以外、ほろ酔いの川辺さんの声は聞こえなかった。

●川辺さんの心配ごと

久々にアイちゃんを連れて来たのは、夏の終わり、ときおり秋風が吹き始めた頃だ。だいぶ過ごしやすくなったというのに、元気がない。といっても、アイちゃんではなく、飼い主のほうだ。元気がないだけでなく、ちょっと具合が悪そうに見える。

まさか、アイちゃん診たついでに、自分も診察しろ言うんとちゃうやろな。

「散歩の途中ですわ。体重、頼みまっさ」

私の疑いを見越したように言うと、「どっこいしょ」とアイちゃんを診察台に乗せた。

「33キロ。ちょっと太りましたね」

大阪の夏は暑い。だから、大阪では夏を過ごすと、やせる犬が多い。夏が過ぎて太ったとは、アイちゃん、気をつけないと。

「これから、気候がよくなりますからね。食欲も出るし、気温が下がるにつれて皮下脂肪も厚くなりますから、少しダイエットしたほうがいいですよ。お大事に」

まねき猫ホスピタルでは「お大事に」が診察終了の合図。そう言って次の人を呼ぼうとした。ところが、アイちゃんを診察台から降ろす気配がない。

「どうかなさいましたか？」

川辺さんは、ちょっと迷ってから答えた。

「あのぉ、たまには血液検査とかしておいたほうが、ええのでっしゃろか？」

「アイちゃん、どうかしたんですか？」

診察台の上のアイちゃんをなでていた川辺さんの手が、ピクッと止まった。体は硬直しているのに、頭と目線がどこかそわそわしている。

「えぇ……いやぁ、別にぃ、どうこういうわけやないんやけどぉ……」

私は考え込んだ。病気の予防のために血液検査をしておくのはいいことだが、費用は決して安くはない。簡単に、「じゃあ、しましょう」といっていいものだろうか、と悩んだのだ。

黙っていると、川辺さんは業を煮やしたように早口で訴えた。

「先生、血液検査してくださいっ。お願いしますっ」

私は採血した。検査結果は二日後に出ますと伝えると、川辺さんは、すがるような目で「よろしゅう頼んまっせ」と言って帰って行った。

私は、「はい、お大事に」と送り出したが「頼まれても、ねえ。私が何かしたから検査の結果がよくなるわけやないんやけど」と、思わずつぶやいてしまった。

二日後、検査の結果が出た。アイちゃんの数値はすべて正常。これといって悪いところもなかった。

夕方、川辺さんが結果を聞きにやって来た。ほろ酔いで立ち寄ったときとはうってかわってやけに神妙な顔つきだ。

石のウンチのときより顔色が悪いなぁ。本気で何か心配なことがあるみたいや。はよ安心させたげよ。

「どっこも悪いとこありませんでしたよ。アイちゃん健康ですよ」

明るい声ではっきり伝えてから、検査票を渡した。川辺さんは数字の並ぶ紙をまじまじと見て、ふうっと大きく息を吐いた。

「アイちゃん、ちょっと太りぎみですけど、まだ若いから血糖値も高くないし」

私の説明をさえぎるように、川辺さんが口をはさんだ。

「先生、このGOT値、正常いうことですよな」

GOTは肝臓の障害の有無を調べる検査だ。肝炎など、肝臓に異常があると数値が高くなる。

「そうですね、正常値でしたよ」

「よかったぁ。ああ、安心しました」

本当に、心の底から安心したようだ。

●ビール飲ましたやてっ⁉

そんなに心配なことがあったん？　私が不安になるやないの。えっ、まさか私、何か見逃してるの？　そうやったら、明るい声で伝えたの、まずいんちゃう？

「何か心配なことがあったんですか？」

川辺さんの表情ががらりと変わる。私を見て、いたずらっぽくニヤリと笑った。今日はしらふのはずなのに、酔っぱらってふらりと顔を出すときと同じ表情になっている。

「実は、わしぃ、アイといつも晩酌してますねん」

「はあ？　バンシャクぅ？」

何やねん？　それ？　「バンシャク」いうたら、夕飯のときにちょっとお酒を飲む、あの晩酌？　川辺さん、アイちゃんと酒飲んどるいうこと？

眉をひそめた私を、川辺さんはおもしろそうに見ている。

「仕事で遅ぉなって帰ると、家族のもんはみんな寝てますねん。もちろん、嫁はんも、もうぐっすりですわ。起きてくれるのはアイだけや」

そう言って、アイちゃんの頭をいとおしそうになでる。

「先生、わしのこと、かわいそなおっさん、思うてるでしょう。でもな、なぁがいこと結婚しとると、夫婦なんてそんなもんですわ。新婚ときは、『あんた、何時になっても起きてて待つわ』なんてゆうとってもな。いつのまにやら、帰ってきたのも気ぃもつきやせんよぉになって。しかもな、嫁はん、わしのいびきがうるさいゆうて、夫婦やのにもう長いこと別の部屋で寝てまんねん。さびしいもんや」

おそらく、私の目はテンになっていただろう。もしかしたら、口もあいていたかも。

誰がかわいそ思うかいな。だいたい、このオッチャン、動物病院でいきなり何言い出すの。夫婦別床まで暴露してからに。赤面するやないの。

「冷蔵庫からビール出して一人で飲んでるでしょう。そうしたら、アイのやつ、横に来よりますねん。来てほしそうな顔しますやろ。ほやから、ちょっとやってみたんですわ」

「ええっ！」

私の声が大きかったせいか、川辺さんはちょっとひるんで腰を引いた。

「ほらほら、やっぱり怒った。最初に飲ませたときには、先生の怒った顔がチラッとは出てきましたけど、ほんのちょっとやからええかな思て。そしたら、おいしそうに飲みよりますねん。そんなわけで、ここんとこいつもアイと晩酌してたんです」

欲しそうにしているのは、飼い主が食べたり飲んだりしているものをもらえるとうれしいからだ。与えてくれたものを食べたり飲んだりしたら、飼い主が「おっ食べた」とか「飲んでる飲んでる」と楽しそうにするから、犬はそれがうれしくて、またねだるのだ。犬と人間は体の組成が似ている。だが、犬の内臓の仕組みがアルコールを分解できるかどうかは疑問だ。それに、糖質が多すぎてカロリー過多。

ビールに浸した指先をなめさせる程度ならともかく、飲ませるやてぇっ？　もう切れたで、私はっ！

「夏やのに太ったんは、ビールのせいですよっ！　だいたいなんぼ大きいゆうても、アイちゃんの体重、川辺さんの半分もないやないですかっ！　もうやめてくださいね！」

体の大きさで比較すると、肝臓だけでなく腎臓などにも悪影響があるかもしれないし、糖尿病の怖れも出てくる。だが、多少興奮気味に注意する私の言葉は、川辺さんには聞こえていないようだった。

「わし、このあいだの健康診断で酒の飲み過ぎやて医者に言われましてん。GOTの数値が高いから、肝臓が弱ってるて。毎日飲んだらあかんて」

それで、アイちゃんのことも気になったというのだ。

「せやけど、酒飲ましてるゆうたら、先生あきれてもう診てくれへんのやないかと思うて。それで、よういいませんでしたのや」

打ち明け話を終えて、肩の荷を下ろしたように川辺さんは晴れ晴れとした顔でいった。

「ああ、でも、ほんまによかった。ほな先生、おおきに。アイ、行こな」

と、帰ろうとする川辺さんを、呼び止めた。

ちょっと待ちぃな。まだ、こっちの話はおわってませんっ！

「とにかく、アイちゃんには、ビール飲ませるのはやめてくださいね。肝臓が悪くなったらどうしますの？」

川辺さんは振り向いて、またあの酔っぱらいの顔を見せた。足もとにはアイちゃんが楽しげにまつわりついている。

「そんときは、わしもいっしょに先生に診てもらいます。アイと枕を並べて入院させてもらいますわ。そうなったら、ひとつ、よろしゅう頼んまっせ」

冗談が飛び出すほど上機嫌で、川辺さんは帰って行った。

近くの公園の木の葉が色付きはじめた。朝晩は少し冷え込む。お酒が染み渡る、秋の夜長。

川辺さんがほろ酔いの顔を見せない日は、アイちゃんと二人で飲み明かしているのではないかと、私は一人ひそかに気をもんでいる。

ノミ絶滅大作戦

● 天気とノミのことならまかせなさぁい！

梅雨の中休みというのだろうか、数日続いた雨があがった。わが動物病院では、太陽をながめながらスタッフ一同で天気予報が始まる。ノミは一般的に、雨あがりの翌日、よく晴れて気温が上がり湿度も高くなる日の草むらに大量発生すると言われている。というわけで「気温は上がりそうだけど、カラッとしそうですね」とか「なんやジメジメしてますけど、肌寒ぅてサブイボたちそうな天気になりそうですよ」などと、だれもがにわか気象予報士気取りで、明日の天気予想（予報ではない！）を始める。ポカポカでムシムシしてくれば、ノミの大量発生。そんな日は、どこの動物病院も忙しくなる。

その点、病院長たる私はきちんとテレビの気象情報で確認しているので、かなり的確な予報（こっちは予想じゃない）ができる。明日は、晴れても北の風が吹くので気温は上がらないと言っていた。そこで、私は厳かに御託宣を述べる。

「寒くなるからね。明日はノミはあんまり出ぇへんよ、きっと。忙しくないんやない」とたんに、スタッフからブーイングが飛んでくる。スタッフはみな働き者だ。忙しいのは苦にならない。ヒマで閑古鳥が鳴くようでは困るし、その現状に甘んじている院長の発言が許せないのだ。

「先生、『まねき猫』いう名前つけた本人が、そういうことでどないするんですか。病院がヒマやったら経営がなりたちませんよ！」

「そうそう。そんな呑気な経営者、どこにいてはりますの！」

追いつめられた私を助けるように、電話が鳴った。

「あのー、そちら猫の病院？　ちょっと変なことお伺いしますけど…」

「はい、どうぞ」

相手は三十代とおぼしき女性だ。

「ネコノミなんやけど、人間もかみますのん？」

「ノミにはネコノミ、イヌノミ、ヒトノミがいてるんです。それで、ネコノミはヒトもかみますよ」

ノミのことだったら、任せなさぁい。ことに、かまれることだったら、私はもう、十分すぎるほど体験している。来院する動物たちがノミを運んできてくれるおかげで、私のところにもとんでくるのだ。かまれたあとはかゆくてかゆくてたまらない。だけど、かくと皮膚が破けて治りも遅くなる。薬を塗ったら、後はただひたすら忍の一字。

これからの季節は、無意識のうちにかいてしまって私の足が無惨な状態になってくる。それは、ノミアレルギーの患者が急増したというしるしなのだ。

……フフフ、見せたってもええけど（電話では見せることはできないが）、私の足にはノミにかまれた痕がそれこそ無数にあるねんで。すねに（ふくらはぎも膝も）キズが増えるのは病院が繁盛してるっちゅう証拠。私は身を削って（足をかいて）仕事に精を出してるというわけ。と思いながら、電話の相手に聞く。

「猫ちゃん飼っていらっしゃるんですか？」

「いえ、ウチは何も飼っていません。実は隣が家を壊しててね。そこに住みついてた猫が、うちの屋根裏か縁の下に住みついたんです。どうも、その猫がノミを持っていて、私らがかまれるみたいなんですよ」

「ああ、なるほど」

「殺虫剤まいたり、思いついたことは全部やってみたんやけど、全然ダメなんで困ってますねん。それで、ひらめいたの。動物病院に聞けば、何かいい方法を教えてもらえるかもしれへんって」

やれやれ、治療やなくて、ただの相談か。ま、しゃあない。

「はあ、それで」

「どこに聞こうかと悩んだんやけど、『まねき猫ホスピタル』なんてよぉわからん変わった名前つけてるところやったら大丈夫とちゃうかなと思って」

何が大丈夫なの？　ようわからんわ。

とはいえ、「招き猫」がこの人を招いたことは確かだ。お客とはいえないが、千客万来を祈願した以上、責任はとらなければ。

「ノミ退治は簡単にできますよ。今ついているノミをすぐ駆除できる飲み薬やスプレーがありますし、ノミが一代限りで増えないようにする注射や飲み薬もありますから」

「え、そうなんですか。おおきに。やっぱり聞いてみるもんやな。で、先生、猫に飲ましてくれはりますか？」

？？？　この人、なに言うてんの。なんで私がそこまで。

「ふつうはご飯に混ぜたり、口を開けさせてほりこむんです。体に付いたノミを駆除するには、つれてきてもらわなあきまへんし……。その猫、つかまえることできませんの？」

「そんなん……顔見たら逃げていきよりますから、無理です」

猫にたかったノミの処置をせずに、まきちらすノミだけを退治するのはむずかしいかもしれない。猫についたノミも駆除しないと根本的な解決にはならないが、電話の主は飼い主ではない。どうしたものかと悩んでいると、痺れを切らしたらしく「どないもこないもなりませ～ん」といった感じの声で追い打ちが来る。

「せんせぇ〜、そんなこと言わんとぉ。お願いします。子どもがどうもノミにかまれているみたいで……」

動物病院には、ノミやダニに効くスプレー式の殺虫剤が用意してある。患者についてきたノミを水際で駆除するために、定期的に使っている。治療を受けにきた動物たちが、うちでノミをうつされたのではシャレにならないからだ。第一、わが病院の信用にもかかわる。その薬について説明してあげる。

「病院で使ってるスプレーは、ノミやダニに直接効くんです。でも、卵や幼虫が絨毯や畳にわいているから、完全に駆除するのはたいへんですよ。それと並行して、燻蒸式の駆虫剤を二週間に一回は焚かんとなりませんし。スプレー式の殺虫剤のほうは、数日おきにスプレーしてもらえばいいんです。せやけど値段が……」

「けっこうするんですよ」と言う前に、

「そうですか、ほな、すぐ行きますっ！」

と言って電話を切ってしまった。

●スプレー殺虫剤は精神安定剤？

ほどなく、子どもを連れた三十代の女性が病院にあらわれた。

「ほんまにすみませんねー。何も飼ってへんのに寄せてもらって。こんな人、いてへんでしょう」

すぐに電話の主だとわかった。彼女は電話のときよりは、ちょっと安心した様子で話し始めた。

「私がかまれるのももちろんいややけど、子どもがねー。ほら、先生に足、見せたってごらん。ほら、娘がおもにやられるんですわ」

幼稚園ぐらいの子どものプリッとした足には、私の足にあるのと同じノミにかまれた痕があった。人間の医者ではないが、ノミにかまれた痕の見立てに関しては、皮膚科の権威にだって負けない。

「ああ、これは困りますわね。女の子やし、あとでも残ったら……」

ノミにかまれたあとのかゆみは、蚊と違って二、三日たってもしつこく続く。そのかゆさといったらない。診察している時は忘れているが、ちょっと時間ができると無意識のうちにかきむしっている。ノミアレルギー性皮膚炎になった猫や犬が、毛が抜けて皮膚に血がにじむまでかきむしってしまうのがわかる気がする。

「このスプレーを使ってもらうのがいいですね」

スプレーは、ノミやダニの中枢神経に作用して殺す。即効性があるけれど安全性は高いこと、目や口や鼻などに入らないように注意することなどを説明していると、それをさえぎるように、

「それで、先生。それ一本、なんぼしますの？」

私が電話で話しかけた最後の一言を思い出したようだ。

「五五〇〇円です」

「高いなー。でも、家中まきます。四本ください」

二万二〇〇〇円をポンと払って、彼女は見るからにほっとした様子で帰っていった。

だが、一か月ほどたった、やはり雨あがりのよく晴れた日。彼女は再び現れた。

「先生、例のスプレーくれはります？」

アドバイスどおり、駆虫剤を数回たいてスプレーをしていれば、もうそれほど心配はないはずだが。

「まだ、ノミいますの？」

「そうやないけど、何やもう見るもの見るもの、怪しく思えてきてね。布団は全部、捨ててまってん」

「へえ、全部！」

ずいぶん思いきりのいいことをする人だ。私が目を丸くしていると、彼女は「そんなんまだ甘い」というように、顔の前で手をひらひらさせていった。

「そんなんでびっくりせんといてや」

ほかには何を捨てたんやろ？　まさかネコも駆除してしもたん？　よく鹿とか熊を「駆除する」というけど、実態は射殺か毒殺だ。住民の安全や作物の被害を防がなければならないが、他に方法はあるはず。まさか、この人……。

「絨毯にも畳にもスプレーしました。でも、子どもがちょっとでも体をかくと……ウワー！ ノミやーっ！　まだいてるんやー思てしまって」

絨毯と畳かいな。やれやれ。

「それがウチの子、アトピーを持ってますから。母親としては神経質になってしまいますねん」

それはたしかに心配だ。アトピー性皮膚炎は、食べ物だけでなくノミやダニのほかにハウスダスト、花粉などもアレルゲンになる。だとしたら、前に来たときの彼女は本当に心細かったのだろう。

「とにかく今までのままやったらもう神経まいりそうやったんで、思いきって絨毯と畳をほかして、リフォームしました」

「えっ！　リフォーム?!」

「はい。先生、絨毯や畳にわく言わはりましたやろ。それやったらフローリングにしたらええやん、思いまして。全部フローリングに」

すごい。ノミ対策もここまで徹底するとは。

「それでも、スプレーがないと、安心して寝ることができませんねん。今日は二本！」

彼女は力強く指でVサインを出し、スプレーを買って帰った。

フローリングにして定期的に燻蒸剤を焚いていればほぼ大丈夫だろうと思うのだが、彼女にとって、あのスプレーは精神安定剤のような存在になっているようだ。それで安心して生活できるなら、まあいいか。

● リフォーム、そして家を買い替えた！

ところが二か月後、そろそろ夏も終わろうかという、やはり雨上りのムシムシする日に彼女は三たび来院した。

「まだ、いますの？」

と聞くと、彼女は過去二回とは比べものにならない晴れやかな笑顔を見せた。

「ほぼ大丈夫だと思います。というのはねー、先生、私、家を買い替えましたの」

「えええっ！　家を買い替えた?!」

私が思わず大声を上げたものだから、待ち合い室で犬が吠えた。一頭吠えると、次々に吠え、待合い室は犬の大騒ぎになった。彼女は気にもとめず、ニコニコしている。彼女は掃除や燻蒸より、もっと過激な作戦を遂行していたのだ。ノミとの戦いにはさらに莫大なお金が費やされていたのである。

「布団を捨ててもフローリングにしても、何か気になって。それで、近くにいい家があったので、買い替えましたの。今度こそ、ほぼ大丈夫だとは思うんですよ。でもね」

口をポカンとあけたままの私の目の前に、またVサイン。

「例のスプレー、二本もらえます？　以前の家にあったものも持って来てますから、また出るようなことがあると困るでしょう」

私は、まだ口があいたままだった……と思う。「はぁ……」とため息とも返事ともつかない答えしか出てこなかったから。スプレーを差し出しながら、私の頭の中で「家を買い替えた」という言葉がぐるぐる回っていた。ノラ猫に住みつかれてノミを落とされたことで、数千万のお金が動くとは……。子どもをノミから守りたいという彼女のエネルギーは、ただならぬものだったのだ。

彼女は子どもを守るためなら財産も投げ打つ。その心意気に私は脱帽していた。それに、ものごとに対して悲観的にならず、前向きに立ち向かっていくところが好ましかった。

ノミとの戦いに決着がついたからには、彼女に会うことはないだろう。もう彼女とノミとの戦いの話が聞けなくなるのかと思うと、ちょっとさびしい気がした。犬や猫といったペットの飼い主としてのつき合いではなく、ノミを通しての付き合いだったが、私は彼女の人柄が好きになっていたことに気づいた。

彼女のことを忘れかけた頃、突然、診察室に「すいません!」と、聞き覚えのある声が響いた。あの声は、まさか……。

「彼女だ」。私は立ち上がりながらとっさに棚のスプレーに手をのばした。体が声を憶えているようだった。

「いややわ、先生、そやなくて」

診察室に入ってきた彼女は、私の手にしたスプレーを見て、ちょっと困ったような笑いを浮かべた。その腕にはモコモコのぬいぐるみが抱かれている。棚にのばした手を引っ込めた。すると、彼女はぬいぐるみを診察台に置いた。それは、三か月ぐらいのラブラドール・レトリーバーだった。エッ、こんどはノラ犬に住み着かれたん？　ほな、また新しい家買うことになるんかな？

「このラブちゃん飼うことにしましてん。そしたら、ノミが娘やのうてこの子のほうに行くかな思て」

ああ、そういうことやったの。それにしても、この人、なんでいつもこんなに私を驚かすんやろ。ん？　この人？　この人、名前何やったっけ。

「そしたら、カルテを作りますから、ここにご住所とお名前を書いてください」

彼女ははじけるように笑った。

「そやね。そういえば、まだ名前言うてませんでしたね。鈴木といいます。これからよろしくお願いしますわ」

つられて私も笑顔になる。鈴木さんとラブラドール犬は、あらためて私の病院のお客になった。けっきょく、「よおわからん変わった名前」が、客を呼び込んだのだ。招き猫の結ぶ縁を決して侮ってはならない。

鈴木さんが「スプレーくださーい」と駆け込んでくることはなくなった。ノミが一掃されたのか、ラブちゃんはもちろんお嬢ちゃんがノミにかまれることもなくなった。

毎年初夏の雨あがりの晴れた日、鈴木家のラブちゃんがノミの予防のために来院する。そのたびに、私はポジティブな彼女のノミ絶滅九〇日戦争を思い出す。

大阪の夏はイグアナの季節？

● 獣医学的見地と『ジュラシック・パーク』

刑事コロンボではないけれど、「獣医師ちゅうのんは、因果な商売ですねん」。映画を観ていても、登場する動物のことが気になる。犬や猫だけではない。『ジュラシック・パークⅡ』でも同じだ。

六五〇〇万年前に絶滅した恐竜が、最新のバイオテクノロジーで蘇るという設定。スクリーン上の恐竜は、心臓の拍動や筋肉の動きがとてもリアルだ。前作でその動きに魅了されたので、診療の合間を見つけて観にきたのに……。

ティラノサウルスが大きな口を開けて牙を見せれば、「いやぁおっきい歯ぁや。歯磨きたいへんやろなぁ」。子育てをする恐竜がいると、「フード代、なんぼあっても足らん。飼い主さん難儀やで」。群れで人間狩りをするヴェロキラプトルは、「オオカミと同じじゃねんなぁ」。挙げ句の果ては、「恐竜が診察にきたらどないしょ。えらいことや」。見事なＣＧ技術で、心臓の位置や脈を取る位置も把握できる。「聴診器はあそこに当てればええんやな。レントゲンはこうして、手術のときは麻酔の量を……」などと考えながら観ている。まあ、それなりにストーリーや迫力を満喫してはいるのだが。

病院に戻って「恐竜の診察」の話をしたら、スタッフみんなに笑われた。

「そんなん、先生だけやん。私ら犬や猫の映画やったら考えるけど、『ジュラシック・パーク』観て考えるかフツー」

待合室にいた年配の男性は、笑いながら言った。

「ボク、中学生の頃に漫画本に載っとったゴジラやキングギドラの内臓の図解が好きやったんです。先生もそんな気分で観られたんですやろ」

違います！　私は純粋に獣医学的見地から観てたんです！　それにやね、映画でも言うとったけど、恐竜は鳥類の祖先やで。恐竜が滅びたのは、氷河期のせいかもしれんねんで。ゴジラかて、雪が降ったら冬眠するし。ウチは鳥も診るでしょ。今は夏やから鳥も元気やけど、寒《さむ》うなったら元気なくすんやで。

「ほな、先生。大阪の夏やったら、恐竜は元気にブイブイいわしてますな」

さっきの男性がまぜっ返す。そう、恐竜は夏に元気なのだ。私は、夏はバテバテ。というより、たいていの人は夏の暑さに弱い。いや、恐竜なみに夏に元気な人もいる。その夏、私は東京でそんな人に出会ってきた。

●暑さに弱い犬とエアコンに弱い飼い主

ここ数年、私の夏の恒例行事は、お盆休みの上京だ。動物ライターと名乗っているけれど、売れっ子のライターなら、日本中、いや世界中どこにいても仕事の依頼があり、原稿を送るだけですむのだろうが、私はまだそういうわけにはいかない。それに、大阪には出版社が多くはない。東京の出版社や編集プロダクションにいる知り合いの編集者とのつながりを大切にしなければならない。地方都市でコツコツとやっているので、機会を見つけては顔を出し、「よろしくお願いします」とアピールするのだ。

その年も、いくつか出版社を訪ねたあと、親しい編集者の坂田さんと暑気払いをしようと居酒屋に入った。のれんをくぐると、エアコンの涼しい風が吹きつけてくる。ほっと一息ついて、とりあえず生ビール。都心の暑さにまいっていた私は、ジョッキについている水滴を眺めてぼんやり考えた。

向かいに座っている坂田さんは、カウンター席のほうをのぞきこんでいる。

「誰か知っている人いますの？」

坂田さんは私にうなずいた。

「カウンターの端に座っている人、今井っていって、ぼくの野球仲間なんだ」

エアコンがガンガンきいていても、店内にいる人はみな半袖のTシャツやポロシャツ一枚のラフな格好だ。私も風通しのいい素材とデザインのワンピースを着ている。一人だけ厚着をしているその人は、すぐに目についた。

「長袖のジャケット、着られてる人ですか？」

私と坂田さんの視線に気づいたのか、その人は振り向き、坂田さんを認めると目で挨拶してきた。

「ちょっと挨拶に行ってくる」

坂田さんはカウンターに行った。顔見知りの人が多いらしく、楽しそうに周囲の人と話している。この居酒屋は編集者が多く集まるようだ。隣のテーブルでは、編集者同士が担当の作家の話をしている。

坂田さんはすぐに席に戻ってきた。ジョッキを片手に、今井さんもカウンター席から私たちのテーブルにやってきた。

坂田さんは、今井さんのために椅子を引きながら私を紹介した。

「こちら、石井さん。大阪の獣医さんだ」

今井さんは太刀魚にかぶりついている私を見て、微笑んだ。

「ほおー、獣医さんなんだ。私、マルチーズを飼ってるんですよ」

その言葉に坂田さんがくすりと笑った、ような気がした。

「今井んとこはねー、石井さん、家の中が犬中心に回ってるの。今日なんか暑いから、家に犬しかいなくてもエアコンガンガンだよな」

「そりゃ仕方ないよ、犬は暑さに弱いから」

今井さんは、いつも犬のことでみんなにからかわれているらしい。獣医師としては、そんな飼い主に助け船を出すのが義務だ。

「そうですよ。私とこの病院も、夏は熱中症で来られる人が多いですから。とくに今年は、熱中症で運ばれる犬、多いですよ。とにかくワンちゃんのこと考えたら、当然ですよね。電気代と治療代やったら、治療代のほうが高ぅつきますしね」

坂田さんは「それだけじゃなくって」というように手をひらひらさせながら、

「実は、こいつ、すっごい寒がりなんだ」

あらためて今井さんの長袖のジャケットを見た。私の視線に気づいた今井さんは、

「この季節でも、どこへ行っても寒いくらい冷房が効いているでしょう。ぼくは暑いの大好きなもんで、いつもジャケット着たまま。ここ寒いな。よく冷えている」

そういって、ジャケットの前を合わせた。うそぉっ、ほんまに？　私にはこれくらいがちょうどいい室温だ。少し頭が痛くなるくらい冷房が効いているほうがいい。

暑いの大好きやて？　そんな人、世の中にいてるの？　それで、エアコンの風が流れてくる場所に座ったというのに。坂田さんが付け加える。

「今井、家でも長袖のトレーナー着てるもんな」

「ウチは夏は一日中、エアコンつけっぱなし。仕方がないから、厚着してるんです」

「今日ぐらい暑くても平気ですの？」

「もちろん、快適なくらいですよ。でも、犬のためにはエアコンはつけとかないと」

今井さんは平然と答えた。今日の東京の最高気温は三四度。大阪人の私でも、日なたではクラッとする暑さだというのに。

初夏とか秋のはじめなど、最高気温が微妙なときは留守番させるのにものすごく気を使うのだそうだ。天気予報で最高気温が二七度とか二八度というときは、窓を開けて風通しをよくするかエアコンにするかで迷うらしい。

「そういうときは、昼からかかるようにタイマーをセットしといたらいいんですよ」

「そうか。今度からそうしよう！」

気温にしてもペットの話にしても、人はどうしても自分を基準にものごとを考えてしまいがちだ。犬や猫のことを真剣に考えれば考えるほど、それを冗談みたいに思ってしまう人もいる。私も、太陽が照りつける暑い日が続くと、みんなが体の調子が悪くなるものと勝手に思っていたようだ。こんな日こそ快適という人もいるのだ。

だが、人と動物は、たいてい暑さが苦手のようだ。大阪に帰ると、暑さで体調をくずしたペットたちばかりを診る日が続いた。

●ワンちゃん夏バテ、イグちゃんバリバリ！

ペットも、連れてくる飼い主も、暑さでぐったりしている。それを診る私も、いいかげんぐったりしていた。

松島さんが、フレンチ・ブルドッグのナナちゃんを連れてきた。ナナちゃんは、ここのところお腹の調子がよくない。ウンチがゆるくて下痢ぎみなので、食事の量を制限させているので、栄養補給のために点滴を打つことになっている。

診察台にナナちゃんを乗せる松島さんは、目の下にうっすらとクマができている。寝不足なのか、飼い主にも点滴が必要かもしれない。

「夏バテですか。暑うてよく寝られませんものね」

針を入れる間、ナナちゃんを保定している松島さんに言うと、

「つけっぱなしはようないんで、タイマーにしてつけてたんやけどねぇ……」

と、ボソボソと話し始める。

数時間たって寝つくころに、エアコンが止まる。一〇分たつかたたないうちに、ナナちゃんのハアハアという荒い息づかいが始まる。夢うつつに聞いていると、息づかいはますます激しくなる。さすがに目が覚める。エアコンのタイマーをセットして寝る。松島さんが寝つく頃に、またエアコンが止まって、ハアハア……。その繰り返しなのだ。

「それでね、先週からはめんどくさいんでつけっぱなしにしましてん」

それでわかった。ナナちゃんの下痢の原因は、エアコンの効かせ過ぎのようだ。

「ナナちゃん、夜はどこで寝てますの？」

「エアコンの風が通るリビングの中央です。フローリングがひんやりして気持ちええのやろね。ときどき仰向けに引っ繰り返ってますわ」

それもよくない。フレンチ・ブルのような短毛種は、冷房でお腹を冷やしやすい。だから、あまり冷え過ぎない工夫も必要だ。吹き出し口のルーバーを調整して風が直接当たらないようにするとか、いつも寝ている場所にラグを敷いてやるようにアドバイスした。ワンちゃん用のTシャツも、ファッションではなく実用的だ。

それだけエアコンの恩恵に預かってはいても、ナナちゃんは元気がない。下痢のせいだけではない。フレンチ・ブルは暑さにも寒さにも弱い。

「だから、寒い冬は暑くしすぎないこと、暑い夏は冷やしすぎないこと。少し神経質なぐらい温度管理してやってください」

エアコンの温度設定をするときは、ナナちゃんの体の位置、つまり床から三〇センチぐらいのところの温度を目安にする。その位置で、二五～二七度ぐらいになるようにすればいい。

「しかし、昼はエアコンつけてもつらそうですね。この暑さで、もうナナはぐったりですわ。家の中でフローリングのところやコンクリートの冷たいところばっかり行って。少しでも体を冷やしているんやろね。そこ行ってでらーっとしていますわ」

「こう暑いとねー」

この夏、診察室で交わされる定番の会話。ほかに話題はないもんかいな……そやそや。

「お宅のイグちゃん、どうしてますか?」

松島家の高校生の長男が、何年か前に家族の猛反対を押し切って飼ったペット。その頃、流行り始めた中南米産の虫類、グリーン・イグアナだった。

名前はイグ。まんまやな。まあ、飼い主の命名センスにいちいちコメントしていては、街の獣医師は勤まりまへん。

イグちゃんはまだ小さかった頃、食欲がないというのでレントゲン撮影をしたことがある。まるで博物館で見る恐竜の化石のように、フィルムに鮮明に骨が写っていたことを思い出す。

「それが、先生、イグはこの暑さで、めちゃめちゃ元気なんですよ。今までで一番元気と違うかな。テレビの上に乗って気持ちよさそうに寝てます」

「ずいぶん大きくなったんと違います?」

「一メートルはないと思うけど……。この間、一五個も卵を産みよったんですよ」

野生なら、地面に穴を掘って二〇個以上、時には七〇個も産むこともあるそうだ。

「へえ、卵を産むということは、調子がいいんですね」

「そうなんです。よほど快適な環境でないと、卵、産むことはないらしいですから。ウチではこれで三回目なんですよ、いっつも夏の盛り。暑いのがいいんですかね」

グリーン・イグアナは、南米大陸の北半分に生息している。気候区分で言うと「亜熱帯」になる。夏は赤道直下とほぼ同じだが、冬は熱帯から亜熱帯。地球温暖化が進み、夏の大阪などはもう温帯とはいえない気温だ。熱帯化が進んで、ムシムシのムンムンの大阪の夏だって亜熱帯のようなもの。

ほんまやったら、イグちゃん、エアコンなんかいらんのやろなぁ。でも、ナナちゃんがおるから、エアコンの風が当たらんでホコホコとあったかいところ見つけたんやね。しっかし、テレビの上にイグアナ？　一般家庭としてはめっちゃシュールな光景やろな。

●未来の大阪は『ジュラシック・パーク』？

とにかく、イグアナは、この猛暑を喜んでいる！　東京で会った今井さんも、イグアナと同様に暑いほうが快適という人だった。やはり、自分のものさしだけでものごとを見てはいけないのだ。暑いのが苦手な犬、暑いのが大好きなイグアナ……同じ人間でも温度に対する感覚が違うのだから、種の異なる動物を飼う人は注意しなければ。

本来、日本になじみのない熱帯の動物を飼うときは、そのふるさと、つまり生まれ故郷にまで行って、どんなところか見て来るくらいの覚悟があってしかるべきだと、私は思っている。まあ、それはなかなかできないだろうから、少なくとも、その動物の本来の生活環境をよく研究して飼ってもらいたい。

松島家では、そのためにペットショップで聞いたり、図書館やインターネットで調べたりして、飼い方を勉強したのだそうだ。イグアナの生育する平均気温は二六～三〇度。適度な湿気がなくてはならない。さらに太陽光の代わりにする、スポットと呼ばれる四〇度くらいの特殊な熱光源のある場所がつねに必要だ。

生きていくためには、最低気温は二〇度が限度。冬は、室内でも常に暖房していなければならないということだ。つまり、日本では野生では生きていけないことになる。

ペットショップで売られているイグアナは、体長二〇センチくらい。シッポまで入れても四〇センチ程度。体重はせいぜい五〇グラムぐらいだから、卵一個より軽い。だからといって、気楽に飼い始めるのは考えものだ。二年もすれば全長二メートル、体重は三～五キロになる。

松島さんも、飼い始めたときには、ここまで大きくなるとは想像もできなかったそうだ。きれいな緑色をした小さなイグアナは作り物のようでかわいいという。だが、一メートルを超えると、まさに恐竜だ。ペットのは虫類があまりに大きくなったために捨ててしまう、無責任な飼い主もいるらしい。住宅街を悠然と歩いている巨大なイグアナが保護されるというニュースも、よく聞く。

人間がきちんと環境を整えて飼育しないと、生きていけないグリーン・イグアナ。しかし、こう地球温暖化が進むと、捨てられたペットのイグアナが野生化して大阪に住みついてしまったとしても不思議ではない。ノラネコが町を闊歩するように、イグアナが排水溝から顔を出すのが普通の風景になるのも、そう遠い将来ではない気がしてきた。『ジュラシック・パーク』は私の好きな映画のひとつだが、現実となると……。

コオロギが鳴いていたのに、急に静かになったな、と思って振り向くと、口にコオロギをくわえたイグアナがいた！　なんてことがやがて起きるかもしれない。

夜、診療を終えて帰宅するとき、何かが道を横切る。たぶん、猫。そうに決まっている。でも、ひょっとしたら……。

猛暑の都会で、熱帯の動物が元気に生き抜いている。それが日本の未来かも……。

ペットの命を脅かすのは人間の懐具合!?

●殺犬的猛暑?

二〇〇一年、二一世紀最初の夏は猛暑になった。梅雨明けも早く、静岡県や関東地方では七月から最高気温が四〇度を突破したそうだ。

大阪も、七年ぶりの猛暑になった。さすがに四〇度まではいかないけれども、大阪の場合は暑さの種類が違う。所用で東京に行ったとき、東京駅で新幹線を降りたときの感覚は「カーッ」という感じだ。ところが、東京で数日過ごして新大阪駅で新幹線から降りたときの感じを文字にすると「ムワァッ」になる。

どこも、エアコンは二四時間フル回転している。車の排気熱、室外機から放出される熱、アスファルトからの照り返しの熱が街中にこもる。いわゆるヒートアイランド現象は東京も大阪も同じなのだが、大阪はとりわけ湿度が高いのだ。

猛暑のせいで、熱中症で倒れる人が例年の数倍という。高校生が、部活動で炎天下のグラウンドを走っていて熱中症になったとか、ジョギングをしていた人が倒れたとかいうことだけではない。この年は、ふつうに道を歩いていて、あるいは屋内にいて熱中症になるというケースが多かった。夜のニュースは、「この猛暑で何人が病院に運びこまれた」というのがお決まりのように流れていた。

さて、暑さに参ったのは人間ばかりでなく、動物も同じ。まねき猫ホスピタルには日射病、熱射病になった動物たちがたくさんやってくる。熱中症になるのは、圧倒的に犬が多い。毛皮を着ているからというわけではない。同じように見えて、猫はアフリカの暑い地方にルーツがあるのである程度までの暑さには耐えられる。しかし、ユーラシアなど北方がルーツの犬は暑さに弱い。

犬は、汗腺が退化している。暑くなると、呼吸でしか体温を放出できない。犬の平熱は三八度から三九度だが、四〇度を超えると体調が悪くなる。四一度になると危険な状態だ。外気温が高くなると、許容範囲が狭いからすぐにオーバーヒート、つまり熱射病になってしまうのだ。

ノミ予報と同じように、朝の気象情報で「予想最高気温は三五度を超える」という日は、病院は熱中症の受け入れ態勢をとることにしている。そんな日は、診察開始前から待合室がハアッハアッゼェゼェと激しい息づかいをする犬でいっぱいになる。どの犬も、よだれがダラダラ流れ、舌は長くダランと垂れ下がり、全身が心臓になったように息をしている。

最初にするべきことは、暑い環境から連れ出すこと。要するに涼しい場所に寝かせることだ。

というわけで、待合室も診察室も夏は冷房がガンガンかけてある。床付近の温度は二五度を下回るほどだ。症状が軽いワンちゃんなら、待合室の床でしばらく休んでいれば呼吸が落ち着く。その場合は、塩をひとつまみ入れた水を飲ませ、冷たい濡れタオルで頭や首や体を冷やすように飼い主に指示すればいい。だが、ぐったりしていたり大量のよだれが口のまわりに泡のようについていたりしたら、順番を変えてすぐに処置しなければならない。呼吸が止まる、脳が腫れるといった深刻な事態もありえるからだ。

●クーラーなんて……無理です！

その日、外の気温は三八度を超えていた。夕方五時すぎ、病院に飛び込んで来たのは、五十代くらいのおばちゃんだった。抱えている小さな犬はぐったりしている。目を閉じて、足もシッポも力なくダランと垂れていた。荒い呼吸に大量のよだれ。かなり重そうな熱射病らしい。すぐにスタッフが口をめくって歯茎を調べ、体を触ってみる。

「先生、歯茎が白くなってます。体も熱ぅなってます！」

「その子が先！　診察室に入ってもらって」

「すみませんね。緊急ですので」

スタッフが、耳の治療で来ている子やワクチンの注射で来ている子をとばして、こちらを優先する。飼い主のおばちゃんは、ペコペコと頭を下げながらおずおずと入ってきた。犬はマルチーズだ。あまり手入れをしていないのか、白い毛が少し灰色がかっている。呼吸は速いのに、のどから絞り出すようなゼェゼェヒューヒューという息づかいだ。

「すぐに診察台に乗せてください」

命令口調で言いながら、手はエアコンのリモコンを手にして設定温度を下げている。診察台に寝かせたワンちゃんの唇をめくると、口のなかは泡のようなよだれでいっぱいだ。歯茎が白い。舌はやや青紫色。耳やそけい部に触れると、熱い。小型犬の平熱は直腸体温で三九度ぐらい。四〇度を超えていれば病気のサインだが、この子は肛門に体温計を入れるまでもなく、直腸体温は四〇度以上のはずだ。呼吸しやすいようによだれを拭き取りながら、頭はめまぐるしく回転し始める。

「水飲む元気もないようやから、生理食塩水の輸液。それと氷嚢。体を冷やさな」

点滴の準備をするスタッフ、冷蔵庫へすっ飛んで行くスタッフ。おばちゃんは、診察室が殺気だったのを見ておろおろし始めた。

点滴の針を刺し、バンデージで留める。小さい体がピクッと動いた。痛みに反応するのはよい兆候だ。スタッフが氷嚢を持ってきた。頭と首筋、前足と後ろの付け根に当てる。スタッフは、血液の循環をよくするために四肢をマッサージしている。これで、後は体温が平熱以下に下がるのを待つしかない。おばちゃんは、診察台のそばでうつむいたまま、ワンちゃんをじっと見ている。

だが、どういう状況でこうなったのか。教えてくれるのは飼い主しかいない。かわいそうだが、私は少々きつい口調で問いただした。家にいたのか散歩中だったのか、どんな場所にどのぐらいの時間いたのか。

もし、この炎天下に散歩させていたのなら、ほとんど虐待だ。今日ぐらいだと、犬の歩いている高さの温度は舗装道路の照り返しもあるから、七〜八〇度になる。日なたを一〇分も歩けば、体力のない小型犬は即熱射病。あるいは、駐車した車に乗せておいたり、外の日当たりにつないでいたのなら、完全な動物虐待。日なたでは、車内温度は急激に上昇する。気温が二五度を超えたら、たとえ窓を少し開けておいても危険だ。イギリスやアメリカなら、即逮捕だ。日本ではそこまではしないが、そういう飼い方をしているのだとしたら、獣医としては一言注意せざるをえない。

「どこにも連れてってしまへん。ずっと留守番させてたのに、さっき帰ってきたらこんなんなってましたの」

泣きそうな声で言う。つっかけ履きの素足の先が震えている。

「留守番？　ずっと？　どのぐらいですか。エアコン、つけてたんですか？」

つい詰問調になる。

「朝八時から……エアコンはつけてません……戸締まりしとったからええ思て……」

おばちゃんは、暗い表情でボソボソ言ってうつむいた。白髪混じりの前髪がぱさりと額にかかる。私は、ムカムカしてきた。

エアコンもつけんと閉じ込めておいたん？　こんなんなるの、あったりまえやん！　風も通らんところやったら室温は四〇度超えるんよ！　犬は暑くても自分で扇風機もエアコンもつけられへんし、冷蔵庫開けて氷水飲むこともできひんのよ！　毛皮着てるし、汗もかかれへんの！　犬飼ってて、そんなことも知らんかったの！

そう口に出かかったとき、はじめておばちゃんの様子に気づいて、私は言葉を飲み込んだ。洗いざらしでよれよれのTシャツ、化粧っけのない顔。髪もセットしてないし、手入れの行き届いていないガサガサの手が目に入ったからだ。この人、働きづめなんや。身なりにかまわれへんほど忙しいんや。子供がいて働いているといっても、ある程度は時間が自由な私とは違う。

ゆっくりと事情を聞いてみることにした。

「閉めきった暑い部屋に九時間も置きっぱなしにしたんですか？」

「はあ……」

ほとんど聞きとれない声とうなずきが返ってきた。

「昼間の暑いときだけでも、エアコンつけてあげてください」

おばちゃんは顔を上げて、訴えるような目で私を見た。

「主人がリストラされてしもて……。私も働きに出てるから、家を留守にしてるんです。せやけど、この子のためにクーラーつけるなんて無理です……」

「……無理……」

私が繰り返すと、

「そう、できひん！」

おばちゃんはきっぱり言い切った。

言いたいことはたくさんあったが、彼女のぱさついた唇がきつく結ばれているのを見ると、やはり言葉を飲み込まないわけにはいかなかった。後は、こういうことが起きないようにアドバイスするしかない。

「そしたら、部屋を涼しくする工夫をしてください」

ワンちゃんは日の当たらない部屋に置いて、飲み水はとにかくいっぱい用意しておくこと。水にほんのちょっと塩を入れておけば、呼吸で失った塩分を補給できること。風が通るように必ず窓は2か所以上、できれば南北を開けるようにしておくこと。カーテンをひいておくことなどを説明した。ふんふんと聞いていたおばちゃんが、反論する。

「窓開けといたら物騒やないですか。泥棒に入られますやん」

「開けるいうても、一五センチ程度でいいんです。それでヘンリー・ロックいうカギを上下にかけるんです。サッシの溝に頑丈な棒をはめておけば、もっといいでしょうね。あと、氷枕なんかをいつもいる場所に置いといてあげてください。一度熱中症になった子は、また熱中症になりやすいんです。今度、同じような症状になったら、ほんっまに危ないですからね」

そういって、少しおどかしておいた。スタッフが、熱が三八度まで下がったと報告した。点滴をはずされたマルチーズは、診察台の上で伏せている。最後に今日は涼しい場所で安静にさせ、水は飲みたいだけ飲ませるように言うと、おばちゃんはマルチーズを壊れ物を扱うようにそっと胸に抱き、背を丸め足を引きずって帰って行った。

後ろ姿がだんだん小さくなるのを見ながら、私はもの思いに沈んだ。抱き方を見るかぎり、おばちゃんは犬を大事に飼っているはずだ。

でも、暮らし向きは決して楽そうには見えない。今日のように容態がおかしくなっても、病院に連れて来てもらえるうちはまだいい。診療費が払えないからと放っておかれたら、小さな命はすぐに逝ってしまう。

●ペットの健康は飼い主の懐しだいなのか

夏、暑さのために命を落とすペットたちは少なくないだろう。だが、暑さばかりではない。不景気もまた、彼らの命を脅かす。おばちゃんの夫のように仕事を失った人は、自分の人生さえ危ういのに犬のことまで手が回らないのは仕方のないことなのだろうか。職業柄、人間のことよりも、どうしてもペットのことを考えてしまう。人間もたいへんなのだろうが、暑い部屋で苦しんでいたことを思うと、やりきれない。

バブル経済が弾け飛んだ後、シベリアン・ハスキーをはじめとする大型犬がどんな目にあったか。経済的なこととペットの命は、やはり切っても切り離せないものらしい。その晩、バブル経済華やかなりし頃の、ある飼い主とトイ・プードルのことを思い出した。

トイ・プードルの名前はランちゃん。その飼い主の宝田さんは、いつも賑やかに登場した。まず、ブレスレットやらネックレスやらのジャラジャラ鳴る音がする。小柄な体を大きく見せようとするかのように、体を左右に揺する独特の歩き方だからだ。ドアを開けると、左腕にランちゃんを抱え、オーストリッチのセカンドバッグのストラップを右手首にかけて、ドアから待合室に続く通路をまるで花道から登場するスターのように胸を張って歩いてくる。

「昨日はランを連れてヨットでクルージングしてましてん。どうも、この子、熱射病になったみたいで」

そう言って、ランちゃんを診察台に乗せる。左手首には、文字盤にダイヤの入ったローレックスの時計が燦然ときらめいていた。

「ワンちゃんは暑さに弱いんですよ。残暑が厳しいですから、暑いときはクルージングには連れていかないでください」

宝田さんは困ったような表情になった。

「連れていくな、てか……。そうは言われても、おまえがおれへんと寂しいしな」

宝田さんは、心底寂しそうな顔をした。ここはピシッと言わなければと思った。

「とにかく、炎天下のクルージングは避けてください」

「はあ……、気ぃつけますわ」

結局、私の忠告はあまり真面目に守られなかった。その後の数年間、夏のバケーションのあとの人間ドックならぬ、ランちゃんの健康診断は続いた。宝田さんと元気をなくしたランちゃんの来院は、まねき猫ホスピタルの夏の終わりの風物詩だった。

新聞や雑誌で「バブル崩壊」「不景気」という文字をよく見かけるようになってから、宝田さんはぷっつりと来なくなった。不景気でクルージングに行かなくなったから、来院せずにすんでいるのだろうか。ときどき、あの独特の歩き方の宝田さんを町で見かけることもあったが、最近は見かけなくなった。

バブルの時代にはクルージングで熱射病になった犬がいたのに……。不況のあおりでエアコンをつけてもらえず、熱中症になる犬もいる……。飼い主の懐具合で、ペットたちは病気になったり、助かったりもするのか。こればかりは、獣医師にはどうすることもできない。

もう夏の終わりだ。日中はあんなに暑かったのに、お盆をすぎると、夜はいくらかしのぎやすい。今夜は、エアコンをつけずに窓を開けている。リーリーという虫の声が聞こえてきた。あのマルチーズも、今夜はホッと一息だろう。

プードルのランちゃんは元気にしているだろうか。

「動物のお医者さん」になるための進路相談

・夏、やり残したことは何？

自宅から病院に来る途中に、淀川工業高校がある。今日は、その校庭の夾竹桃《きょうちくとう》がピンクの花を咲かせていた。国道一号線に面していて、排気ガスがいっぱいなのに、毎年きれいに咲き誇っている。この花が咲くと、季節は晩夏。仕事で慌しく生活していると、季節の変化を忘れがちだが、こうしてふと木々に目をやると季節は確実に巡っているのがわかる。

「やれやれ、暑い暑いと思うてたけど、今年の夏ももうすぐ終わりやなぁ」

まねき猫ホスピタルの診察時間は、午後四時からなので、夏の終わりだと、診療開始は日が傾きかけた頃になる。

暑いとはいうものの、日が少しずつ短くなったと感じるようになると、夕暮れどきはそれなりに風が心地よい。小学生の私は、この時間になると「夕焼け小焼けで日が暮れてー」と口ずさみ、石けりをしながら友だちと帰ったものだ。長くのびた影が怖くて、早足で家路につく。

なぜなら、「人さらいに会うから、早く帰ってきなさい」と母に言われていたからだ。

とはいえ、大人の私には夕暮れは怖いものではなくなっている。逆に、何か一仕事の後の解放感を感じさせる日暮れを楽しんでいる。ただし、人々が解放感に浸る時間から、わがホスピタルはかきいれどき。飼い主が、犬や猫を連れてやってくる。

あいさつは「今日もクソ暑うおましたなぁ」か「夏も終わりやいうのにいつまでもクソ暑いですな」。オッチャンだけではない、オバチャンたちもそう言う。だからといって下品なわけではない。「たいへん」とか「ものすごく」という意味の接頭語で、表現としては「どアホ」「ど真ん中」の「ど」よりもやや柔らかい。最近では「メッチャ」が全国に知られているが、この大阪の界隈では「メッチャ暑い」ではなく「クソ暑い」がポピュラー。

さて、毎年この時期になると、その後に続く言葉が他の時期とやや異なる飼い主が何人かいる。たいていは「うちの○○、ちょっと様子がおかしいねん」とか「昨日から、ご飯食べしまへんのやけど」なのだが、「犬のハウスのことなんやけど」とか「実はニャンコ連れて旅行に行こ思うとんのやけど」といった相談事が持ち込まれるようになる。レジャーの相談やら行事のこと。どうも、もうじき夏が終わりと思うと、人はやり残した何かを思い出すらしい。年末だって年度末だって同じように思えるが、なぜか夏の方が多い。小学校や中学校のときの、夏休みの宿題で植え付けられた条件反射のようなものではないかと、私は思っている。それが何より証拠には、たいてい八月二四日、つまり夏休みの終わりまで一週間の頃から相談が増えるからだ。

過ぎ行く夏にやり残したことはないかと思いを馳せる大人がいるかと思うと、夏の終わりに来年のこと、さらには将来のことに悩む人もいる。そう、受験生である。風に秋の気配が混じると、遊んでばかりではいけないと思うのか、受験の相談が増える。

私は、大学の獣医学科に入って獣医師になるまでの体験を綴った『動物のお医者さんになりたい』を上梓した。また、それを原案にした日本テレビのドラマ『愛犬ロシナンテの災難』が放映されて以来、獣医師になりたいという生徒が増えた。いまはネット時代なので、私のサイト「ほろ酔いまねき猫」の質問コーナーに、日に数件の質問メールが届く。「本を読んで、獣医師になりたいと思ったのだけれど、どのようにしてなるのか」というのだ。

その日、午後九時を回ると、ぴたりと誰も来なくなった。そこで、メールボックスを開いて、全国の悩める受験生からの質問に答えていた。そんなところへ、日野さんがやって来た。ここ何日か、ときどき待合室に来ていたのは知っていた。だが、診察ではないし、スタッフが声をかけると「いや、犬の散歩の途中に寄ってみただけやから……」と言って、何かいいたげな雰囲気だけを残して立ち去るだけだった。

今夜は待合室に誰もいない。そのせいなのか、顔に微笑みをたたえている。

「先生、いつもうちのわんこがお世話になってまして。これ、みなさんで」

と、一〇個入りの大きなケーキの箱を差し出した。

「いやぁ、気ぃ使うてもろて、すいません」

礼を言って日野さんの顔を見たら、ほんのりと頬や目の周りが赤い。文字通り「ほろ酔いまねき猫」である。笑顔は、そのせいなのかとも思ったが、そうではない。目が何か問いたげな雰囲気なのだ。病気のことでも、しつけや飼い方のことでも、獣医師として答えられることなら答えさせてもらうのに……。

と思って、私はハッとした。以前、開業したての頃のことだった。大学で同級生だった獣医師仲間から、「病気の話以外は、なんか話しにくい雰囲気があるかも」と言われたことがある。それ、もしかして、私が美しすぎるせい？　それともインテリっぽいせい？　これでもバリバリの浪速の獣医師のつもり。庶民的いうたらな、誰にも負けんはずやのになぁ。

そう言うと、「アホか」の一言で却下された。要するに、獣医師は飼い主とのコミュニケーションが大事なのだ。いくら動物を診るといっても、話す相手は飼い主だ。体の様子や食欲といったことだけでなく、ふだんの暮らしの一コマ一コマから意外な病気の原因がわかることもある。そういうことが気軽に話せる関係を作れるように、というアドバイスをもらった。

●まねき猫式「獣医師になるために」

反省して、飼い主さんの心や意図を汲んで、話を聞くだけやなく、自分からも声かけるようにしてんのやけどなぁ。やっぱり、まだまだ質問しにくい雰囲気があるんかなぁ。今日はワンちゃん連れてきてへんけど、どないしたんか聞いてみよ。

「日野さん、どないしはったん。ワンちゃん、なんかありましたの？」

「前から先生にお聞きしたかったんやけれど……、こんなことまで聞いてええもんかと思うて……。うちのところの姪が、動物のお医者さんになりたい、言うてるんですわ」

犬の病気のことでも飼い方のことでもない。進路相談だったのか。学校の先生でもない人にそんなこと聞くのは悪いと思ったのだろうか。しかも、大阪のオッチャンなんで、お金も払わんと聞くわけにはいかないと思って、ケーキを持ってきてくれたのだった。

「お幾つですか？」

「いま、中学校二年生で、来年は三年生ですわ」

「獣医師課程のある学部は、私の頃でもまあまあ倍率がありましたけれど、いま、人気のようですけれどねぇ。まあ、ぶっちゃけた話、受験したのはもう二〇年以上も前のことやし、予備校の先生でも大学の先生でもないんで、ようわからんのですわ」

「そんなぁ、他人事のように言わんといてくださいよう、先生」

日野さんのアゴが、かくんと落ちた。ちょっとがっかりした様子。それはそうだろう。せっかく菓子折りまで持ってきたのに、「そんな殺生な」と突っ込みをいれたかったのかもしれない。私は、申しわけなくて、なんとか力になろうと言葉を続けた。

「でもね、いま情報化社会でいろんな情報がパソコンのネットを通じて手に入りますから、なんとなくは状況は知っていますよ」

日野さんの顔が明るくなった。

「それで、どんな感じなんでっか」

「いつまでたっても景気が低迷してるでしょう。獣医学部だけじゃなく、資格の取れる学部はどこも人気あるようですよ。私が獣医学部を受けたときと比べると、各段と競争率が高くなって狭き門になってますね」

「そうですなぁ。大阪なんか特に景気悪うて、どんならんしね。景気がいいのは東京ばかりで、大阪なんか半分沈没したようなもんやて思うこともありますし。そういう時代やったら、やっぱり手に職、手に技術のあるもんが強ぉおますな」

「佐々木倫子さんの描かはった『動物のお医者さん』の頃からですかね。ちょうどバブル経済が弾けたのと同じ頃、私の母校の倍率は四〇倍まで跳ねあがっていましたからね」

「四〇倍とは、すごいでんなー」

「そうですよ。前に、母校の入学試験の手伝いをしたことがあるんです」

「そらー、面白そうやな」

「そんなことないですよ。朝早く起きていかないといけないし。受験の時期、寒いでしょう。ひとえに、お世話になった母校のためにと思ってね」

私の母校は、北海道江別市にある酪農学園大学。入学試験は、北海道だけではなく東京、大阪、福岡でも行なわれるのだ。入学試験は、将来を担う学生が入ってくるので、私立大学では大切な行事である。職員総出で全国を回るけれど、どうしても手が足りないので、試験管補佐として卒業生が呼ばれるのだ。

「ひとつの教室にだいたい四〇人の受験生がいてるんですよ。答案用紙を集めながら、この教室でひとりかふたりしか通らへんのやなぁて思った記憶があります」

日野さんは、「へぇ～」という顔をしている。

「獣医師になるには、まず、その高倍率の獣医科のある大学に受からんと。獣医師課程のある大学は全国で国公立が一一校、私立が五校ありますから」

「さよでっかー。で、大阪で一番近いところは、どこでっか？」

「大阪府立大学がありますよ」

「さよでっか。そんなら、近くてよろしなぁ。府立やったら私立よりか授業料も安いやろうし。あれ、ほな何で、先生、そこに行きはれへんかったんですか？」

「痛いところ、つきますね」

「大阪生まれやったら、どこの大学にするかいうたとき、まずその辺りを考えるやろうと思うて」

日野さんには、他意はない。でも、癪にさわるので、偏差値云々は言わないことにした。

「私も商売人の子どもやから、そら授業料のことも考えましたよ。もちろん府大も受けましたけど、向こうが『あんたはいらん』て言うたんでねー」

「授業料、高かったのと違いますの？」

「そら私立の方が、えらい多額の授業料が必要でしたよ。親が払ってくれたから、その当時の私は、な〜んも考えてませんでしたけど」

「ほんで、今やったらなんぼかかりますの？」

大阪は建前より本音の街なので、すぐに値段の話が出てくる。買う方は高いと思えば値切るし、売る方は安すぎる値段をつけられては困るので徹底的に粘る。そのギリギリの交渉をしておけば、後になって「高い」「安い」ともめることもない。最初にバシッと価格が分かっていたほうが話は早いと考えるのだ。東京の人だと、すぐに値段を尋ねたりするのは「えげつない」と思うかもしれないが、大阪では、売り買いやサービスの提供が終わった後でもめる方が「えげつない」と思うのだ。だから、尋ねられた方も、あっけらかんと教える。

「獣医学部は、医学部ほどではないけど、それでも二千万円ぐらいでしょうかね」

「えっ！　ほな八千万円もかかりのますのんか？」

「いえ、卒業するまでで、ですよ。それに、四年間ではのうて、六年間です」

「六年間……先生、そんなに勉強しはったんでっか。勉強、お好きやったんですなぁ」

「勉強が好きというわけではないですけど、大学は面白かったですよ」

「そうですやろそうですやろ。そやないと、北海道で六年も生活できませんもんなー」

何も、「勉強が好きやない」言うのに、ウンウン力強くうなずかんでもええのに。

「最初の二年は、時間の過ぎるのが遅かったんです。一般教養なんて高校の授業の延長みたいなところもありますから。けど、本格的な専門課程になってからの四年は龍宮城で暮らした浦島太郎のように、あっというまに終わりました」

「なんでそんなに勉強せなあきまへんの」

「やっぱり覚えなならんことが、ぎょうさんあるから。獣医学も高度になったし、飼い主さんの要望にも応えられんといけませんから。六年間で卒業して初めて、獣医師国家試験を受ける資格ができるんですよ」

「え、また試験受けんとあきませんのか?」

「はい、国家試験を受けて合格したら、獣医師の資格がもらえます。その後は、数年は研修医や動物病院に勤務して経験を積んで、ようやく独り立ち、つまり開業ですね」

「長いことかかりまんのやなー」

「それに、開業にも資金が必要になりますから」

「授業料に生活費に本代やらの他にも。えろうかかりますのやなぁ」

「でもね、子供を思う親の気持ちは強いもんですよ。多少のことやったら、勉強の方にお金をつぎ込んでくれはるみたいですよ」

「そらそうでっしゃろ。おじのボクかて気になるのやから。ま、親孝行のために、よう勉強して国公立に行くようにて。ほんまに役に立つ話を教えてもろて。先生、おおきに」

日野さんは、ケーキを持ってきたかいがあったというように、ニンマリと笑って帰っていった。

姪御さんは、日野さんの話をどう聞くのだろう。いまから思えばあっというまのことだったのだが、獣医師になろうと思った高校の頃は、その六年間が途方もなく長い長い時間に思えた。さらに、大学に入って先輩や教授の話を聞いたときには、独立開業などというのはあまりに茫漠とした話に思えたものだ。

なぜ、あっというまに過ぎていったのか。それは、私が動物が好きで、彼らの病気を治し命を救けたいという気持ちがあったからだと思う。夢中になれること、好きなことに集中していると、時間は早く過ぎていく。「長いようで短い」という言葉は、こういうことを言うのだなと私は思った。

もし、日野さんの姪御さんに尋ねられたら、そして「獣医師になりたい」という中学生や高校生たちに聞かれたら、「なりたいと思ったら続けること」「好きなことだったら続けられる」「長くはない、夢中になったらたりないぐらい時間は短い」と答えよう。

秋

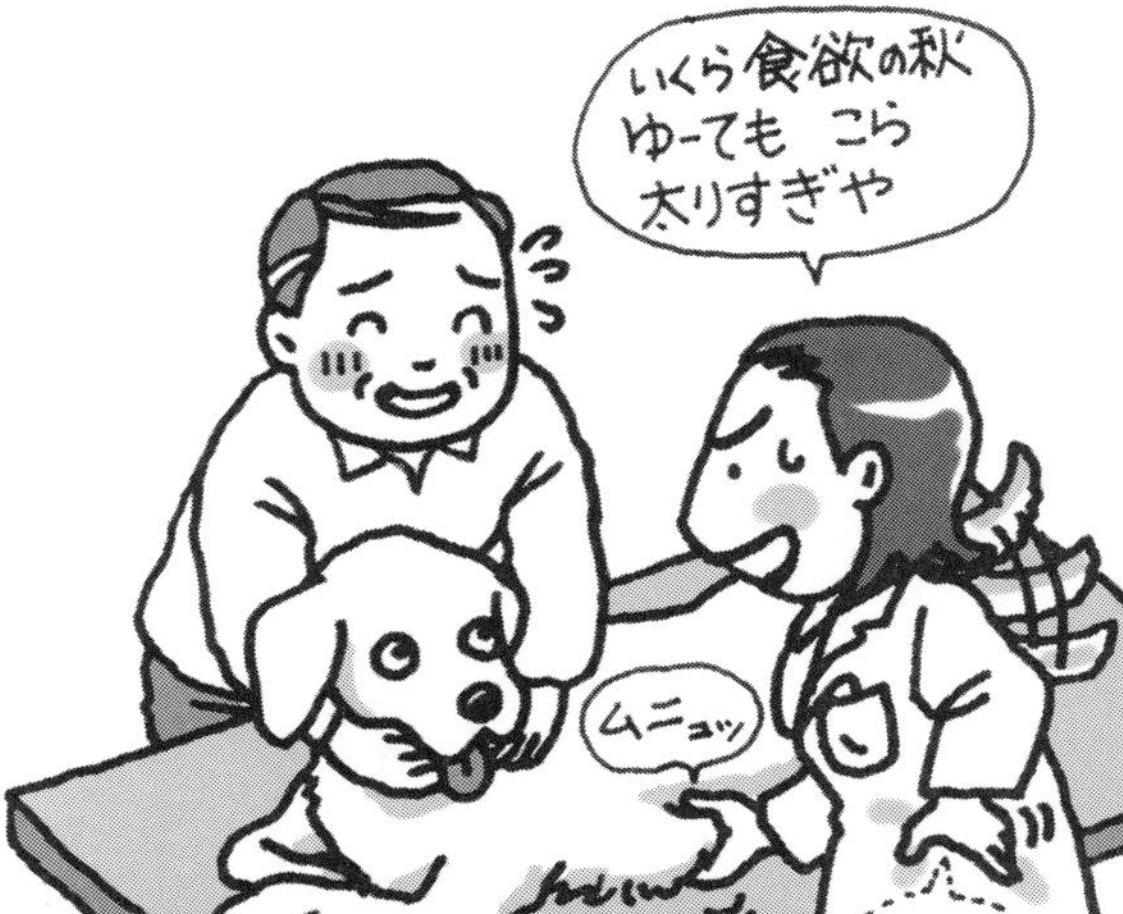
ムニュ
あ…
先生《アンタ》もな

飼い主さんは寿司屋のお客さんに似ている!?

●動物病院のミクロ経済学

動物病院では、たま〜に一日中患者が来ないという日があるものだ。とくに、夏が終わって秋風が吹くようになる頃。熱射病やら夏バテやらの喧騒がウソのように、ひっそりとした一日。スタッフが器具を消毒したり帳簿をつけたり、入院している動物の世話をする音しかしない。誰か来そうな気配もない。今日はとことんヒマなようだ。スタッフは通常の仕事がひととおり済んだので、病院の専門誌やペット雑誌を呼んでいる。私は、メールマガジンの原稿を書くことにする。気分が乗ってきて、「さて、オチはどうしようか」というときにドアが開く。

「先生、景気はどうでっか?」

ワンちゃんを飼っている村田さんだ。だが、犬は連れてきていない。

「どうされました」

「ノミの薬もらいに来ただけですわ」

薬を渡して会計はスタッフに任せ、ふたたびパソコンに向かおうとする。ところが、病院全体に漂うヒマ〜な空気を察知したのか、村田さんが話しかけてきた。

「先生、さっきの話やけど、最近はどないでっか?」

「どないて、このとおり。あんまりようないみたい」

村田さんは、近所で酒屋を経営している。景気が悪いと、家計で真っ先に削られるのは酒などの嗜好品。だから、街中の景気の動向が気になるのだ。難しく言えば、ミクロ経済のリサーチをしているというわけである。

「飼い主さんも景気が悪いんかなぁ。少々の病気では病院にも連れてこんようになるんですかねぇ。うちみたいに、コンスタントに連れてくるいうのは少ないんでっしゃろか」

村田さん、興味津々である。まあ、こっちもヒマやし、相手したげよ。

「それがね、飼い主さんにも二種類あるんです。私は、寿司屋さんのお客さんと似てる思うんですけど……」

「先生、またけったいなこと言いますな。どういうことです?」

「回転寿司に行くお客さんと、職人さんがカウンターにズラッと並んでいる寿司屋さんに行くお客さんですね」

「フンフン。その違いは?」

「フィラリアの薬を例にしましょか。回転寿司系の飼い主さんは、『ひと月分なんぼ?』て聞かれるんですわ。『一三〇〇円です』と言うと、『さよか、ほな今日は五〇〇〇円しか持ってきてへんから、これで』と言われるんです。そこで、お薬三か月分とお釣り一一〇〇円を渡すんです」

「そら、普通の感覚とちゃいまっか?」

「そうですね。ところが、もう一方の寿司屋のお客さんのタイプはちょっと違うんです。言い換えると、値段が書いてない『時価』系言うんですかね」

「時価系? 先生、ようそんな考えまんな。よっぽどヒマなんやな」

「ほっといてください。とにかく、そういうタイプの飼い主さんは、診察室に入ってくると、私が『どうされました』って聞く前から『うちのコ、またちょっと元気ないんで、いつもの薬を』って」

「なるほど、『いつもの』言うところは、お馴染みさんみたいですな」

暖簾をくぐると同時に「常連なんやから、いちいち言わんでもわかるやろ」という感じだ。勢い、こちらも「へいっ!」という気分で患者を診察して、サッと薬を出す。

「そういう人は、そうそうボクとこのコぉのこと、ようわかっているなと満足して、次々にいろんなものを頼まれるんです」

「いつもの食べた後は、イクラや、ウニや、トロや、いう感じでんな」

村田さんは合いの手を入れるのがうまい。それにのって、私も次々に言葉が出てくるのだ。

「そうそう。『そうや、関節も痛がるんで』と関節炎用のサプリメント、『この光るの、夜の散歩にええな』と光る首輪、『歯も磨いたらんと』と歯磨き……」

「握るひまもないほど頼むみたいなもんや」

「はいな。注文のスピードが早すぎて、よう書き留められんこともありますから」

「ほんまかいな」

「それで最後に『全部でなんぼでっか?』って聞かれるんです。決めぜりふは『子供は口答えするけど、うちのコ、ホントにええコぉやから。具合が悪ぅても、しゃべられへんからなぁ。薬もサプリメントも飲んで、長生きしてもらわんとなぁ』てね」

「犬のサプリメントですか。世の中、すごいことになってますな。ほんで、なんぼになるんですか?」

「この間の人は、二万五〇〇〇円やったかな。『えっ、そんなにしますの?』ともなんとも言われんと、ポンと払われました」

「人間以上に大事にされてるコぉもいてるんですな」

「ほんとに、失業率が五%いうご時勢にねぇ。いいものがあるいうたら、すぐに与えてくれる人もいてるんですから。動物にしたら、ほんまにありがたいことです」

「いま、ボクも薬局で風邪薬を買ぅたんですけど、そんなにしまへんでしたで」

「風邪だけやったら、そうでしょうね」

「ええと、消費税込で六七〇円やったわ……」

村田さんは、薬屋さんのビニール袋から薬の箱とレシートを出して、しげしげと眺めた後で、ため息をついている。そして、ふと思い出したように、聞いた。

●飼い主なら時価系、妻なら回転寿司系

「先生、おとつい、うちのやつが来ましたでしょう」

「ええ、ワンちゃんを連れて来られてました」

「何しに来たんでっか?」

「薬を買いに来られましたよ。村田さんのところは、当然、時価系ですよね」

と、私がサラッと言うと、彼は目を丸くして私の顔をじっと見つめた。ちょっとまずいことを口走ってしまったと気づいたが、時すでに遅し。引っ込めるわけにはいかない。

「先生、いま、なんておっしゃいました?」

「いや……村田さんのところは時価系て……」

「マジでっか?」

「はい。奥さん、ワンちゃんにいいと聞いたら、なんでも買われます。値段なんか聞かれたりしませんから」

村田さんは口をぽかんと開けた後、つぶやくように言う。

「ボクが風邪薬を買いに行くいうたら、『あんた、また風邪ひいたん?』て、えらい文句言うてたのに……。『栄養ドリンクなんて買わんと、薬だけ買うんやで』て言うとったくせして、『そうそう涼しゅうなったけど、まだノミいてるみたいやからノミの薬も買うてきて』ですよ。ボクと犬、どっちが大事にされているんでっしゃろ!」

聞くまでもない。犬のほうが可愛がられていることは明らかだ。でも、村田さんにそう言ってしまっては、身も蓋もない。そこで、こう答えた。

「村田さん、そんなんわざわざ確かめはらんでも、決まってますやん。ワンちゃんに対してそんなにやさしい奥さんやったら、ダンナさんにもやさしくて思いやりがあるいうことではないですかね」

「やっぱり、そうでんな」

私の一言で、村田さんは気をよくしたようだ。我ながら、絶妙のフォロー。

せやけど、やっぱり獣医師は守秘義務をきちんと守らんとあかんな。たとえ夫婦といえども、診察室内のことはむやみにしゃべらんことや。まねき猫ホスピタルがもとで、夫婦間でもめ事が起きたら困るし……。そこで、村田さんは我に返ったようだ。

「ところで、先生。うちのやつ、なんぼ払いましたか?」

ここは、大阪の下町。すでに払ってしまったものでも、やはり値段のことははっきり聞かないと気が済まないらしい。

「ああ、それやったら……」

と言いかけて、ようやく思いとどまった。「むやみにしゃべらんこと」。というわけで、ここはとぼけることにした。カルテを見れば、いくらだったかはすぐにわかる。だが、ここは口にチャック。

「さあ……、いくらやったっけなぁ……。スタッフに聞いて帳簿を見てみんと……」

とたんに、スタッフは目をそらす。棚の薬を並べ替えてみたり何も書いてない書類に目を落としたりして、忙しげなふりをする。そうなると無理に確かめるという人は、そうそういない。

「ま、帰ってうちのに聞いてみますわ」

そう言って、村田さんはドアに手をかけた。そこで立ち止まって、

「そや、先生は、どっちのタイプが好きなんですか？　やっぱり回転寿司系よりか、時価系のほうでっか？」

私は、首を振って答える。

「どっちでもいいですよ。ただ、飼っているワンちゃんやネコちゃんの具合が悪くなったときに、病院にすぐ駆けつけてくれる飼い主さんやったら、それでいいんですよ」

「えらい優等生みたいな答えでんな。でも、そうやな。うちのコぉは具合が悪ぅても、ボクみたいに『風邪ひいた、熱ある、頭痛い』てしゃべられへんもんな。それ考えたら、うちの奥さん、ええ飼い主といえるんやろな」

村田さんは、そう言ってうなずきながら帰っていった。どうやら、時価系を原因とするもめ事は回避できそうだ。

やれやれ。ちょっと世間話をするつもりが、どつぼにはまるところだった。

もともと私は大阪の下町の生まれだ。駅前にたこ焼き屋がたくさんあるような町である。そういう意味では、「こてこて」の大阪人なのだが、大学に入って獣医師になるまでの六年間がポーンと抜けている。その間は北の大地でのんびりと暮らしていた。

大阪に戻ってしばらくは、ちょっとテンポについていけないこともあった。修業のためもあって勤めていた動物病院では、飼い主の相手をするのはもっぱら院長かベテランのスタッフだった。

しかし、のんびりとしたペースのまま開業したとたん、自分が前面に立たなければならなくなったのだ。しかも、ここ守口市は大阪弁の地域。犬や猫のどこが具合が悪いのか、それを見つけて治療するのには飼い主の情報も大切だというのに、まくしてたてるオッチャンやオバチャンの話すペースについていくのがやっと。何をいいたいのか、理解できないところもあった。

開業して十数年、ヒマなときは如才なく世間話ができるようになった。そんな自分に、獣医師としての成長を感じる一日だった。

「痛み止めありますか?」薬を買いに来る犬

●口の肥えた坊ちゃん犬、お嬢ちゃん猫

「良薬は口に苦し」である。したがって、どんなに苦い薬でも人間の場合は、薬を飲んだら楽になるとわかっているので飲むことができる。子どもは(たまには大人も)どんなに効く薬でも苦いのは嫌がるので、糖衣錠にしたりシロップにしたりさせて飲ませるようになっている。ところが、動物は「これを飲んだらよくなる」ということが理解できない。だから、たいていのペットは、ご飯とかおやつではないもの、食べ物ではないものは口にしたがらない。薬を与えるのは、なかなか難しいのだ。

犬や猫が喜びそうな味つけをしたとしても、人間より嗅覚も味覚も発達しているので、匂いを嗅いだだけで微妙な違いに気がつくらしい。ご飯にまぜても、おやつに紛れ込ませても、薬だけ鼻で押しのける。万一、口に入れたとしても、器用に吐き出してしまう。

犬や猫は、そんな場合は強引にでも飲ませるしかない。飲ませ方は、ちゃんと大学の小動物

の内科実習で教えてくれる。

だが、大学の実習は、実はほとんど実習にならなかった。学校で飼われている犬は、おやつやら人のおすそわけやらはもらえない。「ひもじい」とまではいかないが、満腹ということもありえない。それに、次にいつ獲物があるかわからないから、いまある食べ物はすべて食べてしまわなければならないという野生の名残なのだろう。犬というのは「あればあるだけ」「もらえればもらえただけ」食べてしまう動物だ。

したがって、もらえるものは、錠剤だろうが粉薬だろうが飲み薬だろうが、何でもOK。私が「うまい具合に、薬を飲ますことができるかな？」と躊躇しているまもなく、飛びつくように飲んでしまう。ときには、机に置いてあった薬を盗み食いしたことさえある。口に入るものなら、極端な話、実習犬はボール紙やトイレットペーパーの芯など何でも食べてしまうほど食欲旺盛だった。

そんな犬を相手に勉強をしていたから、インターンで実際に薬を飲ませるようになるまで、飼い犬や飼い猫がなかなか薬を飲まないなどとは、露知らずにいた。とくにいまは、フードもおやつも選び放題。ドライあり缶詰あり半生タイプあり。骨にジャーキーにクッキーにビスケットまである。動物病院に来院するのは、口の肥えた「お坊ちゃま、お嬢さま」なのだ。

病院の前の国道一号線を、石焼き芋の軽トラックが通っていった。「焼き芋か……食欲の秋やなぁ。大学で飼ってた犬にも、たまにはたらふく食べさせてやりたかった……」などと物思いにふけっていると、カチャカチャという金具の音とともに田辺夫人が入ってきた。田辺家では、柴犬とチワワを飼っている。いま抱いているのは、お嬢様のワンちゃん、チワワのバケちゃんである。

「先生、お薬もらえますか」

「いつものですね」

「そう、いつものお薬です」

言いながら、田辺夫人はバッグを開けて診察券を探している。

「先生、診察券、忘れちゃったみたい」

動物病院も人間の病院も、受け付けのシステムは同じである。診察券を受け付けに出すと、その番号を頼りにカルテを出す。違うのは、人間の場合は月が変わるごとに健康保険証を出すことぐらい。ただし、田辺夫人は定期的に来院する常連さん。カルテが棚のどの位置にあるかは、目をつぶってでもわかる。

「いいですよ。もうカルテは出てますので。二匹ともですか?」

「そうなの。でも、毎月飲ませないといけないでしょ。なんだか二匹とも薬漬けみたいでいやなんですけれど」

「飲まないと、なんかあった時に困りますからね」

彼女は共通語、いわゆる東京弁で話す。そのため、ついつい私もやや大阪弁がかった共通語で話してしまう。物腰も上品なので、呼び方も「田辺さん」ではなく、まして「田辺はん」でもない。なんとなく「田辺夫人」と書いてしまう。

「でも、バケはねー。薬を飲ますのがたいへんなんですよ」

「お腹がすいた状態にさせといて、ご飯にまぜて食べさせるという方法がいいんですけど、小型犬は食が細いですからね。小さい口でチョコチョコと食べますから、薬が入っているのに気がついてしまうんですね。とくにチワワの飼い主さんは、みなさん薬を飲ませるのを苦労されてますね。牛乳を飲ませて下痢とかしないコは、牛乳に溶かして飲ませている人もいますしね」

「ですから、うちではちくわなんかに埋め込んで飲ませているんですよ」

「パンとか犬用のチーズとか、好物に埋め込んで飲ませるという人もいますよ」

それを聞くと、田辺夫人は何かを思い出したみたいでいたずらっぽく笑った。

「みなさん苦労なさってるんですね。バケは薬を飲ませるのがたいへんですけれど、ピピのほうはね……」

「ピピちゃん、どうされましたか？」

●**「具合が悪いの、お薬ちょーだい！」**

ピピは柴犬の男の子である。数か月前、散歩が大好きだったのに急に元気がなくなり、散歩をいやがるようになった。あんなに散歩が好きだったのにおかしいというので、検査をした。結果は、甲状腺機能低下症だった。

なんらかの原因で甲状腺が萎縮したり破壊されたりして、ホルモンの分泌が低下する病気。症状は、ピピのように運動をいやがるようになるのが代表的。基礎代謝が落ちるので、皮膚の乾燥や脱毛、食欲不振なのに体重はあまり減らないか増えることもある。また、寒がって暖かいところを選んで寝るようになったりもする。

原因がはっきりしていないから、定期的にホルモン剤を投与する対症療法をするしかない。ピピは毎日、ホルモン剤を飲む生活が始まった。薬は普通の白い錠剤だ。フィラリアの薬やサプリメントなどポピュラーなものは、飲みやすさ・与えやすさを考えてジャーキータイプ、「チュアブル」という半生のフードのようなものもできている。だが、ホルモン剤のように特殊なものには、そうしたタイプはない。だから飲まないのかと思ったら、

「ピピは、飲ませるのが簡単なんですよ」

と、田辺夫人は手をヒラヒラさせながら笑った。

「柴ちゃんは、チワワより食欲が旺盛ですからね。ちょっとおいしそうなものに紛れ込ませたら、簡単に飲むんでしょうね」

すると田辺夫人は、また「いえいえ」というように頭を振ってから、話し始めた。

「違うんです。ピピは、ウンチがゆるいときみたいに具合の悪いときは、薬を入れている引

き出しの下に来て、お座りして欲しそうに見上げるんです……」

「えっ、つまり自分で催促するんですか」

「そうなんです。わかるみたいですね。なんだか調子の悪いときは、引き出しの下で座っていれば薬を飲ませてもらえるって」

「ピピちゃんは、薬を飲めば体が楽になるって理解しているんでしょうかね」

「しゃべらないし、聞いたこともないけれど、それぐらいはわかっているみたいですね」

きっかけは、ホルモン剤だったらしい。飲みにくいから、最初はなかなか飲まなかったそうだ。そこでドッグフードに混ぜていたという。田辺さんも、忘れないように毎日きちんと与えていた。

「でも、薬が効いてピピが調子よさそうにしていたので、安心して二〜三日ついつい入れるのを忘れてしまったんです」

さっき言ったように、ホルモン剤は定期的に投与しなければならない。ピピの調子が悪いことに気づいた田辺さんは、ホルモン剤を飲ませてなかったことを思い出した。そこで、あわてて引き出しから出してピピに飲ませたのだという。

「『ピピ、おいで』って呼んだら、飛んできてお座りしましてね。おやつをあげるときみたいにして手のひらに乗せたら、なぜか素直に飲んでくれたんですよ。だから、『いい子、いい子』ってたくさんほめてあげたんです。次の日からは、ご飯に混ぜるんじゃなくて、私の手から飲むようになりました。最近は調子が悪いと薬を催促するようになったというわけなんです」

何かをもらえること、ほめられることを期待して、命令されないのに自分からお座りする犬もいる。飼い主は、それに感激しておやつを与えてしまう。言ってみれば、「犬が飼い主をしつけている」状態。座るという動作が、「おやつを出せ」という命令になってしまっているからだ。そうではないのかと思って、私は質問してみた。

「薬を催促するのは、調子が悪いときに限らず、何かにつけて引き出しの前に座るということではないんですか？」

「ええ、具合が悪いときに限ってですね。それと、私がホルモン剤を飲ませるのを忘れていたときも」

●「動物が知っている」ことを人間は知らない？

動物は、いま現在のことしか考えていないと言われている。怖かった記憶や痛かった記憶は別にして、過去のことはすぐ忘れてしまう。また、未来のことを想像することもないとされている。いま起きていることから、その先のことを論理的に推論することもできない。たしかに、首輪をつけてリードをつけられても、その先にあるのが散歩なのか動物病院での注射なのか、犬にはわからない。楽しく歩いて行くと、動物病院への道だとわかり、痛い注射の記憶が蘇ってきて、そこではじめて「これ以上は歩くもんか」と踏張るというわけだ。

だが、本当にそうなのだろうか。こんなのは動物にはわからないと思っているのは、人間側の傲慢なのかもしれないと思うことがある。実は「これをすれば、どうなるか」と、動物が理解している場合もあるのではないか。私たち人間が気づいていないだけで、彼は彼らの論理があるのではないか。

田辺夫人が薬を与えるのを忘れると、ピピが催促するというのも、たとえ毎日の日課だとしてもけっこうたいへんな話だと思う。ホルモン剤は、糖衣錠ではないのでおいしくはない。もちろん、飲んで満腹になるわけでもない。

「具合が悪いときに限って」という話は、実はとてつもなくすごいことかもしれない。具合が悪いときに限って引き出しの前に座って見上げるピピ。彼は「いまこの薬を飲めば、しばらくすると体の調子がよくなる」という因果関係を論理的に理解している可能性がある。

動物病院で長いこと臨床を経験していると、そう思われる事柄に出会うたびに私はワクワクしてしまう。そういう実例を見るごとに、動物たちを見る目が変わる。

具合が悪いとき、獣医師の出した薬を素直に飲んでくれる犬や猫がいるとしたら……。私も飼い主も、治療はずっとラクになるだろう。

「田辺さんところのピピちゃんは、よく道理のわかったワンちゃんですから。薬を飲ませるのもラクでしょ。いまは、ワンちゃん用、猫ちゃん用って、いろんな薬がありますから。そういう子が増えると助かりますよね」

「本当に、病院でもらう薬って人間とほとんど変わりませんものね。ですけど先生、そんなにいろいろ飲ませなくっちゃいけないんですか？」

うちでさまざまな薬を出しているので、田辺夫人は「薬漬けではないか？」と心配しているらしい。

「ワンちゃんも猫ちゃんも、長生きになりましたでしょう。だから、いろんな病気をするんですよ。人間でいうところの生活習慣病ですね。獣医学の進歩で、いろんな薬を日常的に出すようになりましたもの。白内障や緑内障の目薬を、毎日さしている子はたくさんいますよ」

私が獣医師になった十数年前、ペットの寿命はいまほど長くなかった。犬や猫の平均寿命は一〇年弱。とくに、五～六歳でフィラリアにかかって亡くなる犬も多かった。予防薬は、蚊の飛んでいる季節に定期的に飲ませなければならない。だが、当時は犬を外につないで飼う人がほとんど。蚊に食われるのはもちろん、予防薬をこまめに飲ませるという人も少なかった。猫も同様だ。一戸建はもちろん、マンションで飼っている猫も出入りが自由だったように思う。外に出ると、猫同士のケンカ、伝染病、交通事故などで命を落とすことが多かった。いまでこそ、猫は室内飼いがベストとされているが、当時は外と家の中を行ったり来たりして二重生活するものだと思われていた。

犬や猫の飼い方は、みな「そんなもの」だったのだ。ドッグフードやキャットフードもそんなに普及しておらず、味噌汁ぶっかけ飯という飼い主もいた。やれ血液検査だ、サプリメントだ、目薬だなどということは考えられない。せいぜい、手術後に獣医師から渡された抗生物質を飲ませるぐらい。ピピのような慢性疾患の子に毎日、薬を飲ませるような人はごくごくまれだった。第一、わざわざ精密検査をすることさえなかったように思う。具合が悪そうだったら、栄養のあるものを食べさせ、それでもよくならないときは「しゃないな」と諦めていたような時代だった。

しかし、現在は違う。獣医学は、飛躍的に進歩した。毎年秋に行なわれる臨床獣医学フォーラムでは、常に新しい技術や薬が登場する。ＣＴスキャンやＭＲＩ、内視鏡手術なども行なわれるようになっている。慢性疾患を患っているペットたちは、毎日、薬を飲む生活をしている。糖尿病で、インシュリンを打っている子もあるのだ。

しつけや飼い方も、ベテランの訓練士が経験則で指導していた時代から、動物行動学をもとにしたものに変わっている。いま、家庭犬をたたいてしつける訓練士など、どこにもいないはずだ。猫を外に出さないように、犬を外につないで飼わないようにという提案も、獣医学だけでなく動物行動学の研究成果から出ている。

●動物が病院の前に並ぶ日

ただ、医療の話も飼い方の話も、飼い主あってのことだ。いくら獣医師が「いい薬が出ましたから出しておきましょうね」と言ったところで、飼い主が自分のペットにそこまでしようと思わなければ、獣医師がカラ回りするだけだ。しつけのインストラクターが「犬は屋内で飼うのがベストです」と言っても、飼い主の「犬は外で飼うのが当然」という思い込みが変わらなければ、意味がない。お金と手間をかけても、ペットと一緒に人生を共にしたいという人が増えることが、大事なポイントなのだ。

「昔は見つからなかった病気も、いまは検査すれば発見できますからね。その病気に合った薬を使いましょうというと、ほとんどの飼い主さんは同意してくれますから、獣医師としては張り合いが出るんです。いろんな薬があっても、『いらん』って言われたら使えませんから」

田辺夫人も、バケとピピを自分の子どもと同じように大切にしている。ピピのことがあってからは、とくに治療や薬のことは熱心に聞いてくれる。

「ワンちゃんは、どんな病気が多いんですか?」

「やっぱり、関節炎ですかね。年を取ってると、関節にトラブルを持っている子が多くて。若くても、肥満しているとかかりやすいんです。歩くのが遅くなったり動作が鈍くなったりして、なんとなく動きに元気がなくなるのが特徴で……」

「えっ、じゃあピピもそうではないんですか?」

「検査しましたけど、ピピちゃんには関節炎の兆候はありませんでしたよ。症状が進行してくると、散歩に行きたがらなくなります。散歩に行っても、途中で立ち止まったりして帰りたがるんです。ひどくなると、足を触っただけで痛がったり足を上げたりするんですよ。それでようやく、飼い主さんが気づくことが多いんです」

「治るんですか？」

「いまのところ、完全に治すことはできないんで、痛みを和らげるお薬を飲ませるぐらい。後は、体重をきちんとコントロールして関節に負担をかけないようにすることですね。それから、薬を飲んでいる間はバンバン歩きますけど、過激な運動はさせないようにしなくちゃなりません」

「痛み止めって、そんなに効くんですか？」

「ええ、効き目がある間は。獣医のほうの笑い話というかジョークなんですけど、〈これを飲めばいいんだという因果関係を犬がわかってくれて、喜んで飲むようになるんじゃないか〉と、言われてますの。ピピちゃんみたいに、病院の前に動物たちが並んで座って〈あの痛み止め、ちょうだいな〉と買いに来るんと違うかって」

「そんな冗談を！　まあ、私が来れなくても、ピピがひとりで買いに来てくれたら助かりますけれどね。だけど、ピピをおつかいに出すのは心配ですから、私はやっぱり後をつけてきますね。でも、それじゃ意味ありませんよね」

田辺夫人は、自分でボケて自分で突っ込んでおいて、笑いながら帰っていった。

人も犬もダイエットにはひと苦労

・犬の体重が一キロ増えたら

大阪は「もうかりまっか」があいさつという商人の街。そして、色鮮やかな西陣織に代表される「着だおれ」の京都に対して、「食いだおれ」の街でもある。タコ焼きやホルモン焼きやお好焼きなどの定番に加えて、秋は栗、松茸、さつまいもなども楽しみだ。というわけで、このところウエストが気になりだした。

秋に食欲が増すのは人間だけではない。動物病院でも食欲で秋を感じる。涼しくなって夏バテが解消した犬が、勢いで食べ過ぎてしまって体重増になっていることが多くなる。

四月に六か月分渡したフィラリアの薬がなくなり、追加を処方してもらいに来る犬がいる。秋とはいっても、守口市あたりではまだまだ蚊が飛んでいるからだ。体重計にもなる診察台に乗せると、四月に比べてかなり増えているということもある。

「最近よう食べるなぁ思うてたら、こんなに増えてたんかい」

飼い主はびっくりするのだが、それがかなり深刻な事態を招くこともある。猫の場合も同様だ。体の大きさや重さに対して、体重の変化がどのぐらいの影響を及ぼすか。

たとえば、体重一〇キロの犬が一キロ増えたら。人間の一キロは誤差範囲かもしれないが、その犬にとっては一割増。もし体重六〇キロの人が六六キロになったとしたら、と想像すればわかるだろう。

だから、体重は頻繁に計る必要がある。できれば、二週間に一回は計るのが理想。少なくとも、月に一回はかならず計ってほしい。

● 超重量級ラブラドールの来院

小森さんの飼い犬、艶やかな真っ黒の毛をしたラブラドール・レトリーバー、ラブちゃんが久しぶりに来院した。もともとふっくらしている体形だが、ぱっと見ただけで「ちょっと太め」から「かなり太い」に変化しているのが分かった。お腹から腰にかけては、丸々としている。

「よう肥えとる」という表現がピッタリだ。

「どうされました。ちょっと太ったようやけど」

「夏はぜんぜん食べへんで、フガァフガァ言うていたのに、最近なんか変なんですわ」

「なんか変って、どういうことですか？」

「よう食べまんねん。クソ暑い時期は肉をやってもドッグフードやっても、何をやっても知らんふりしてましてん。ちょっと匂いは嗅ぎにはきてたんですけどなー」

「今年は、猛暑やったからね。そら食欲落ちますよ」

「ところがや、ここに来て、夏の分を取り返すみたいに食べて食べとりますねん」

「最高気温が三〇度いかなくなると、途端に食べ始めるみたいですね。不思議とね」

「そうですねん、ほんま一〇月になったら、とたんに食べ始めましたから」

「それに、ラブちゃんもともと太ってるから、暑さには弱いですよ。待合室も診察室もまだ冷房が入ってるのに、ハアハアいうてますもの。よく食べているだけですか？　水はたくさん飲んでませんか？」

小森さんは、言うのを忘れていたようで、慌ててつけ加えた。

「そや、それが肝心なことや。食べるのもすごいですけれど、よう水を飲むんですわ。大きな洗面器に水を入れて置いてるんでっせ。外出して二～三時間で帰ってくると、もう飲み干してるんですわ。これって病気でっしゃろか？　ほら、糖尿病の人は、よう喉が渇くて言いますやろ」

小森さんは、ラブが太っているので、糖尿病を心配しているのだ。

「オシッコの量や回数はどうですか？」

「それはあんまり変わりませんな、回数はともかく夏場はちょっとすくのおました」

太り過ぎで多飲多尿となれば、いちおうは糖尿病を疑ってみなければならない。だが、小森さんの話から考えると、オシッコの量が変わらないのだとすれば太り過ぎと暑さによってやたらと喉が乾くだけなのかもしれない。今も体を揺すりながら、ハァハァゼェゼェと舌をダランと垂らして息をしている。よだれの量もかなりのものだ。とにかく、体重測定と血液検査だ。

「ラブちゃん、診察台に乗せてもらえますか。体重を測って、採血しますんで」

「へいへい。この牛みたいな犬をここに上げるわけでんな」

「ひとりでは無理ですか？」

「そんなことないでっせ」

小森さんは痩せている。犬が肥満傾向にある家では、たいていは飼い主も太っているというのが相場なのに。いくら小森さんが男性だといっても、嫌がる四〇キロ以上もあるラブラドールを診察台に乗せるのは難しそうだ。私も手伝って、二人で診察台に乗せた。ラブちゃんは、メスなのに四四キロにもなっていた。

ラブラドール・レトリーバーの標準的な体重はオスで二七〜三四キロ、メスは二五〜三二キロとされている。幅があるのは同じ犬種でも、体の大きさには固体差があるからだ。この体重の範囲内なら、艶のある短毛におおわれた筋肉がはっきりと分かる。理想的な体形は、お腹から後ろ足の付け根にかけては巻き上がったようになり、上から見ると腰がキュッとくびれている。お腹や背中を触ると、毛と皮膚を通して肋骨や背骨の感触がはっきりと手に感じられるはずだ。

体を触ってみると、皮下脂肪が分厚くなっている。手には、背骨の感触も肋骨の感触も伝わってこない。

ペットフードのメーカーや動物の薬品の会社で発表している、犬や猫の肥満度の基準がある。外見では腰のくびれがなく、触れば背骨や肋骨がかろうじてわかり、理想体重の一〇〜二〇％増なら「体重過剰」。お腹が丸々としてくびれはなく、触っても骨格の手触りがない。そして、体重が理想より二〇％以上オーバー。そうなると、完全な「肥満」ラブちゃんの体重は三〇％オーバーだから、「超肥満」と言ってもいいぐらいだ。

「こんな状態やったら、病気になるのを待っているようなものですよ」

小森さんが心配している糖尿病だけではない。心臓病や肝臓病、関節炎、さらには感染症に対する抵抗力の低下などを引き起こす。あまりつかないはずの足も、皮下脂肪がついていて血管が見つけにくいので、苦労しながら採血をした。

こうした場合の血液検査は、赤血球数や白血球数、ヘモグロビン値などの一般検査だけでなく、生化学検査も必要だ。やや時間がかかるので、とりあえずラブちゃんは明らかに肥満なので、ダイエットが必要なことを説明した。

「どのぐらい減らさななりまへんの？」

「最低一〇キロ、できれば一二キロです」

「ほな、少なくとも三四キロ、できれば三二キロにちゅうことでっか。そんな簡単にいきませんで」

小森さんは、諦めている様子。

「急に一〇キロというわけやないんです。食事と運動で少しずつ、来年の春ぐらいを目標にして痩せさせましょう。しんどいかもしれませんが、気長にしましょう」

いくらダイエットといっても、急激に体重を落とすのは体に悪い。だいたい「一週間に一％前後減」が健康的なダイエットの目標。ラブちゃんは三〇％だから三〇〜二五週、半年かけて減らせばよい。そう言って励ました。

「わかりました。どうしたらええんでしょう」

ダイエットは、基本的に飼い主次第。というより、飼い主がきちんとやれば確実に効果が上がる。犬がどんな賢くても、自分で冷蔵庫を開けて食べ物を取り出したりドッグフードの缶詰やパッケージを開けることはないからだ。おやつも、与えるのをやめたり量を減らしたりするのは飼い主の役目なのだ。

●ラブちゃんのダイエットメニュー

幸い、小森さんは納得してやる気になってくれた。そこで、具体的な方法を教えることにした。

ダイエットの方法は、基本的に人間と同じ。摂取するカロリーの量と消費するカロリーの関係を改善すればよい。ひとつは運動によって消費するカロリーを増やす。もうひとつは摂取するカロリー量を減らす。

だが、運動によって減らすのは、あまりにも太りすぎていると危険だ。心臓や関節に負担がかかってしまうことがあるからだ。だから、骨格が完全にできていない一歳以前の若犬、足腰や内臓の機能が衰えている老犬には向かない。ラブちゃんも、ここまで太ってしまい、病院に来るだけで舌を出して「ハァハアゼェゼェ」言っているから、いきなり運動させたりしたら逆効果になる。

そこで、当面は摂取カロリーを減らすことにした方がいいだろう。

犬にしても猫にしても、一日に必要な栄養とカロリー量がだいたい決まっている。体重何キロなら〇〇キロカロリーという具合だ。体重三〇キロの犬なら、だいたい一六〇〇キロカロリーになる。ただし、これは健康で運動も足りている成犬の場合で、成長期の子犬や妊娠・産後の犬はやや多めに、老犬はやや少なめにする必要がある。また、病後の犬は獣医師の処方も必要になる。

とにかく、ラブちゃんは三二〜三四キロまで落とさなければならない。その体重の一日の必要カロリー数は約一八〇〇キロカロリー。今の体重の四四キロを六か月かけて三〇%減らさなければならない。実際にはやや複雑な計算になるが、単純化して週に一%強、一か月に五%ずつ減らすことにする。そこで、次のような計算をした。

一八〇〇－（一八〇〇×三〇％）×〇・九五＝一一九七

細かい数字は四捨五入して、ラブちゃんに食べさせるフードは一日に一二〇〇キロカロリー分とすることにした。

「えーっ、そんなに減らしますのか。それに、どうやって計りますの？」

「どのフードにも、一〇〇グラムあたりのカロリー量が表示されてますよ。そうですね、ドライフードやったら、このぐらいですね」

私は、ペットホテルで預かるワンちゃんたちのためのドライフードの袋から、カップで一二〇〇キロカロリー分のフードを計って、清潔なお皿のうえに乗せた。そのドライフードは一〇〇グラムあたり四〇〇キロカロリーだから、三〇〇グラムだ。

「ダイエット用の低カロリーのドライフードなら、もう少し多めになりますね。それから缶詰やったら一缶で三〇〇〜四〇〇キロカロリーやから、もっと量は増えますよ。ただし、値段は高くなるけど」

「どっちにしてもえらいすくのうて、かわいそうやなあ。お腹がすくんやないですか」

量が少なくては満腹にはならない。お腹がすくから、おねだりが始まる。飼い主は、「つい負けて……」と食べさせてしまってダイエット失敗というケースが多い。小森さんの顔を見ていると、その可能性は大だ。そこで、さらにアドバイスした。

「フードに、おからをゆでたのを入れるといいですよ。あと、ブロッコリーの芯とかキャベツをゆでて、細かく刻んでまぜてもいいですね。カロリーがほとんどないもので、犬が食べてもいいものを使って嵩を増やしてあげるんです」

小森さんは「なるほどなるほど」というようにうなずいている。

「それと、ご飯を何回かに分けて食べさせてあげてください。一日一回だと、量が少なくて胃の中が空っぽの時間が長くなってしまうんです。空腹にドンと食べさせると、胃腸に負担がかかるし、空腹時には胃酸の出すぎのせいで吐いたりすることもありますから」

「ほな、途中でおやつ食べさせてもよろしか?」

「おやつにもカロリーがありますからね。食べさせない方がええですよ」

そうなのだ。肥満の原因の第一が、実はおやつ。誰か一人ならまだしも、家族全員が「これぐらいならいいだろう」と少しずつ与え、「塵も積もれば」状態になることが多い。だから、ダイエットで最も簡単なのは、おやつ類をいっさいやめること。軽い肥満なら、それだけで体重がスッと減ることもあるぐらいだ。

「おやつのパッケージにもカロリーが書いてありますから。それを食べさせはるんでしたら、その分だけフードを減らしてください。誰が何をどのぐらい食べさせてはるかわかれば、それで計算できますすけど」

私の知人には、おやつが習慣化していたので、それをやめないで食べさせながら犬のダイエットに成功したという人がいる。そのために、まずフード、おやつ、訓練時のごほうびにいたるまで、食べさせているものすべての量とカロリーを計算。カロリーを一五％減らすために、それぞれのグラム数を計量カップやスプーンで厳密に計ったという。足を痛めていて激しい運動ができないワンちゃんは、およそ二か月で一二・五キロから一・五キロ減量させたそうだ。以後も、体重が増えたときは、そのときの計算をもとにした微妙な増減でコントロールしているという。つまり、おやつも食べさせてダイエットさせるには、そのぐらいの手間がかかるということだ。

「先生、そら無理や。こう見えてもラブ、近所の人気もんでんねん。もう動物園のサル状態ですわ」

「どういう意味ですか？」

「動物園のサルも肥満で困っているそうですな。下腹ポッコンて出てるらしいでっせ。なんでも、お客さんにバナナ、ポップコーンなんかをもらっているせいらしい」

小森さんは、どこかで知識を得ていたようで、やけに自慢げだ。

「ジャンク菓子ばかり食べている子どもですね。まあ、それはよくわかりますけど、ラブちゃんと動物園のサルと何の関係がありますの？」

「これも、もらいますねん」

小森さんは、ラブちゃんの首筋をいとおしそうになでながら言った。

「えっ!?」

それで動物園のサルの話なのかと、私は納得した。

「ラブ、道路に面した庭におりますねん。近所の小学生から給食のパンをもらったり、隣の家のおばあちゃんなんか体が不自由なんで、車イスでこのラブにおやつをあげにくるんでっせ」

「それじゃあ『こんなに太ってきて、ドクターストップが出ているので、あげんといて』と言えばええやないですか」

「隣の家でっせ。なんぼなんでも、そんな角の立つようなことよう言いませんわ」

庭で飼っている犬に近所の人や通りすがりの人が食べ物を与えて困る、という相談をよくされる。立て札を置くという対策も提案するけれど、なかなかうまくいかないようだ。他人から食べ物をもらう犬は、基本的に愛想がよい。何か与えれば、おいしいそうに一瞬で食べてしまう。あげる方も「よかれ」と思っているところがあるから難しい。

ただ、誰にでも愛想がいいのは、実は人恋しいからでもある。本来なら飼い主のそばにいたいのに、外飼いをされているからだ。甘いもの、塩辛いものをもらって病気になってしまうこともある。毒入りの食べ物を与えるというひどい人間もいる。一番いいのは室内で飼うことなのだが、それぞれの家庭の事情もあり、強制はできない。

「難しいですね」

そういった所々の事情も含めて、私はため息を吐きながら言った。

「動物園のサルは、日曜日にぎょうさん食べ物もらうんで、休園日の月曜日はぐったりしているそうでっせ。胃とか重いのと違いまっか」

「ふ〜ん、サルも食べ過ぎると胃腸疾患になりますよね」

「ようわかってませんなー、先生。ちゃいまんがな、いろんな人からもらって食べ過ぎて、それがストレスになるんですわ。脱毛になる子もいてるらしいでっせ」

●食べさせない愛情と説得力のないウエスト

血液検査の結果が出た。

「Ｇｌｕ、つまり血糖値は１００です。正常値は60から１１０なんで範囲内だから、糖尿病にはなってません」

「そうでっか。ラブ、病気やないんやて。よかったなぁ」

小森さんは、糖尿病ではないと聞いただけで、もう満足のようだった。まねき猫ホスピタルに限らず、どこの病院でも、肥満がもとで糖尿病になったり椎間板ヘルニアや関節炎をなったりする子は多い。獣医師にとっては、肥満している犬や猫は病気予備軍のようなものだ。いまのうちにきっちりと体重を落とさせないといけないので、私は小森さんに釘を差した。

診察台でラブちゃんは、ゆったりしてお座りをしている。飼い犬は食べ物を与えれば与えただけ食べる。それは野生の本能だ。野生では、獲物がいつ獲れるかわからないから、食べ物があったらあるだけ全部食べて皮下脂肪や肝臓に蓄える。それを次の獲物が獲れるまでの間の活動エネルギーとして消費する。

だが、飼い犬は獲物を獲る必要はない。定期的に食べ物がもらえる。つまり、肥満は飼い主による人工的な病気なのだ。

「人間やったら、太りすぎたら服も入らんようになるし、スタイルも気にしますでしょう。でも犬は気にしませんから、なんぼでも食べてしまうんです。そしたら、体がきつうて動かんようなりますから、よけい太る。つまり、いったん太りだすと、肥満道にまっしぐらになりますから」

「はい、はい。ラブ、もう降ろしてもいいでっか」

乗せたときと同じように、また二人で抱きかかえてラブちゃんを床におろした。やはり四四キロは、二人がかりでも腰や腕にこたえる。

「ね、小森さん、ラブちゃん痩せさせんとあかんでしょう。脊椎や腰椎を痛めたり関節炎になったりしたら、寝たきりになることもあるんですから。こんな重い子を抱きかかえるのはたいへんですよ」

「そうでんな。僕は、なかなか太らないけれどね」

「それにね、小森さん。もし糖尿病になったら、毎日インシュリンの注射を打たなあきませんの。原則として飼い主さんに打ってもらうことになります。もちろん注射のやり方は教えますけど」

しかも、インシュリン注射はずっと続けなければならない。それより、この半年がんばるほうがラクに決まっているのだと励ました。

「ラブ、今日は血も採られたしな。よう頑張ったなー。帰っておいしいもの食べよ」

と言いながら、小森さんは帰っていった。

「半月に一度ぐらい、体重を計りにきてくださいよ。それと、近所の人にもかわいいと思ったら眺めるだけにしてもらうようにお願いしとかんとね」

その背中に声をかけた。ダイエットには、根気と犬への愛情が必要だ。小森さんのラブちゃんへの愛情は私にも伝わってくる。だが、問題は愛情のかけ方だ。ラブちゃんのためを思えば、「食べさせないことも愛情」なのだが、その点については、ちょっと不安になった。

ワンちゃんに正しい愛情をかけてほしい。その思いを伝えているのだけれど、なかなか飼い主には伝わらない。まして、太りにくい体質の小森さんには「太る」という感覚がよけいに伝わりにくいのだろう。体重のコントロールなんて思いもよらないはずだから。

だが、私にはそれが難しいのもよくわかる。私自身、自分の体重も思うように落とせないのだから。「やれやれ」という感じで腰に手をあてた。さっきラブちゃんの体を触ったのと同じ感覚が、手のひらに伝わってきた。「まず、自分の体重をコントロールして、それから飼い主に指導せんと説得力ないんかなぁ」と、改めて思い直した。

オッチャンのための「犬の性教育講座」

●犬のちちくる時間はなぜ長い？

オッチャンという人種は、どうも若い女性に話しかけるのが苦手なようである。新米獣医師の松田先生が診察していると、なんだか話しづらそうに見える。というより、私に対するときと様子が違うのだ。豪放磊落《ごうほうらいらく》な人が「カシコ」（優等生）ぶったり妙にエーカッコシーになったり。そうかと思うと、ふだん物静かな紳士っぽいオッチャンが、チョーシノリやイチビリ（調子に乗る人、やたらにはしゃぐ人）になる。

フィラリアの薬を受け取りにきた東田さんは、前者のタイプ。松田先生が薬を出したのだが、やりとりが妙にぎこちない。

「ワンちゃん、何キロでしたっけ？」

「はい、一五キロぐらいやった思います」（ペコペコ）

「飲ませ方は、わかってはりますよね？」

「はいはい、そらもう院長先生に教えてもろぅてますから。大丈夫です」

冗談なし、質問にはテキパキ答え、初老の真面目な中小企業経営者然としている。が……。

次に誰も待っていないのを確認すると、私に話しかけてくる。

「先生、先生、この頃、犬がちちくるのを見ませんなー」

「チチクル？」

「先生、知りませんか？　ちちくる」

「ええ、何ですの？」

何となく淫靡な響きがあることはわかるのだが、そのときまでその言葉を知らなかった。酒の席なら、「オッチャン何ゆーてんの、あほらし」とほっておくが、なにぶんここは病院だ。いつも科学的にものごとを考えているので、恥ずかしがることもない。「白衣を着ている時はプロ」という思いがあるので、ある程度のことは聞ける。

「ちちくるいうんは、男女が人目をしのんで情をかわすことやんか、知らんかな？」

「そうですか。いま、そんなことといいませんよ」

「ほななんちゅうねん」と突っ込まれると困るが……、「密かに逢っていちゃつく」といったニュアンス。私が若い頃だと「ニャンニャンする」などというのがあった。

「そんなん、情緒なくなりましたな。まっとにかく、戦後は道ばたのそこかしこで、犬がちちくっているの、よう目にしたもんやけどな」

「はあ、それは、最近、犬の交尾風景を見なくなったということですか?」

「コービ? 先生、そうはっきり言われたら色気も何もおまへんな」

なんや、そうゆう話しやったん? さっきまで松田先生の前でコチコチやったオッチャン、妙に生き生きしとる思うたら。

だが、ここで色気を求められても、いや場所の問題ではなく、獣医師である私に求められても応えるわけにはいかない。あくまで獣医師として、犬の交配について詳しく説明してあげた。とくに興味を持ったのは、時間の長さだった。

「ところで、犬がちちくりあう時間、なんであない長いんでっか?」

オッチャンは人間本位で、とくに男として気になるらしい。オッチャンのペースにまんまとはまりそうなので、純粋に獣医学的見地から犬の交配のメカニズムについて説明してあげた。

「犬の雄は、交配する時に三種類の液が出るんです。精液はその二番め、二液なんですよ」

「二液が精液でっか」

「そうです。その液が全部出てはじめて交配が成立するんです。だから、犬がちちくるためには長い時間がかかるわけです。三液が出終わるまでに最低でも一五分から二〇分かかります。猫は短くて、数秒で済んでしまいますね」

「犬と猫で、そんなに違うのでっか」

「猫は、いつ交配したかわからないうちに、お腹が膨らんでいるということが多いですね」

「僕は犬のほうがよろしな。猫みたいに数秒いうのは、なんとも味気ない。やっぱり犬がうらやましいですな。昔、犬のを見たとき、長い時間できるの、うらやましい思いましたわ」

東田さんは、「ああ、うらやましい。犬にあやかりたい」とでもいうように、首を振り振り帰っていった。

● 犬の「あそこ」に出来物が！

「ほんまになぁ。動物病院は中高年男性の性教育の場やないのに……」

振り向いて、松田先生と笑い合った。と、そこに電話がかかってきた。松田先生が取る。

「まねき猫ホスピタルです。ああ、奥本さん。どうされました？　え？　どこがですか？　どう変なんですか？」

話がややこしそうなので、電話を代わろうと思ったら、切れたようだ。松田先生が、受話器を戻しながら首をひねっている。

「なんや、足の付け根が変とかって、ボソボソ言わはって……、『いや、行って診てもろた方が早いな』て。今から来られます」

飼い主の中には、さまざまなタイプがある。電話をかけてきて「ウンチに血ぃが混じってるんやけど、死にませんかねぇ」などとのんきに話す人もいる。かえって、「はよ連れてきてください！　命にかかわります！」と、こっちが焦ってしまうタイプ。逆に、どんな小さなことでも大騒ぎで飛び込んでくる人がいる。「オレの愛するワンコに、もしものことがあったらどないすんねん！」という勢いだ。いらちのオッチャンは、電話すら面倒。「とりあえず行ってまえっ」と来院することもある。まあ、口でいうより実物を見せてもらった方がいいという症例もある。

奥本さんは、けっして「いらち」なタイプではない。むしろ、ホヨホヨした味わいのある松田先生とは、テンポが合うはずなのに。私も首をひねっていると、やってきた。

「先生っ！　たいへんですねんっ！」

「どうしたんですか?」

「どうしたもこうしたもありまへんがな。えらいことになってますねん」

息も絶え絶えの奥本さんの横には、シベリアンハスキーのゴルビー君が悠然と立っている。いっしょに走ってきたのだろうが、さすが橇《そり》犬。笑っているように軽く口を開けてヘッヘッと息を吐いている。「この程度の運動、屁でもないわ」という風情だ。

ゴルビー君は元気そのもの。何も問題はなさそうだが、奥本さんが慌てているというのだけは伝わってきた。スタッフも、心配そうに寄ってくる。

そこへ、松田先生がカルテを持ってきた。彼女に問診してもらえば、テンポが落ち着くだろう。そう思って、私は脇へよけた。

ところが、奥本さん、とたんに言葉がはっきりしなくなる。周囲をチラチラ見ながら「袋…

……」「出来物……」と、話すというより呟くようなか細い声だ。

「……というわけで……は大丈夫……でっしゃろか……」

獣医師を一〇年以上も続けていると、飼い主の心理というものがだんだんとわかってくる。何となく話しにくそうにしている理由は、さっきの東田さんと同じらしい。

しゃぁないなあ。若い娘さんには話しにくいか……て、よう考えたら私なら何でも言えるいうこと? オバチャンいうことかい! まあええ、聞いたげよ。

「どこが、どう変なんですか?」

「あそこ……」

あっさり、そしてはっきりと答える。「あそこ……」でわかるはずないやん。なに? 「あそこ」ってどこなん? ほんま、難儀なオッチャンやなぁ。とまあ、ムッとなるケースだが、私はプロの獣医師や。れーせーにれーせーに。

もう一度、ここまでの経緯を振り返る。最初の電話では「足の付け根が変」、そして「袋」「出来物」、「あそこ」。さらに、松田先生だと口ごもり、私にははっきり答えた。周囲にいるスタッフ(全員女性)を気にして……、ピンと来た。

「じゃあゴルビー君を診察台に乗せてください。診てみましょうね」

私は、ハスキーの股間を診てみることにした。奥本さんは、ほっとした様子だ。うら若き松田先生をはじめとした女性だらけ。せめて院長が男性だったら、大っぴらに言えたのだろうに。

私も女いやオバチャンではあるが、いちおう女性と思ってか、「ペニス」とか「精巣」とか「チンチン」とか、はっきり言えなかったのだろう。そこで「こそあど言葉」になってしまったのだ。

診察台の上に立たせたゴルビー君のお腹の下に、頭を潜り込ませる。小型犬だったら力任せに仰向けに寝かせられるが、三〇キロもある大型犬は無理。押さえ込むこともできないので、こういう態勢になる。心配ないという確信はあるが、この目で疾患のあるところをはっきり診察しないと話にならない。あくまで、診療は科学だ。実証が大事だからだ。

ハスキーは、極寒の地に生息していた犬だ。毛は、コリーやシェルティに比べると短いが、厚くて深い。股間を覆う毛をかきわけて丹念に精巣を触診しペニスを診てみたが、異常はない。しつこく触られてくすぐったいのか、ゴルビー君はじっとしていない。

といっても、奥本さんは松田先生を前にしてモジモジするほどの恥ずかしがり屋で、真面目な人だ。まちがっても「病院ヒマそうやし、いっぺんますみセンセーにチンチン触らせたろ」などと考えたりはしない。おかしいというには、それなりの病気があるはずだ。そこで再度、股間に潜ってみる。上半身をひねっているので、腰から背中、首筋がこわばるまで触診したが、出来物などない。ゴルビー君の股間は正常なのだ。

●犬の男盛りは短くて…

「ありまへんか？　大きいなったり、小さなったりしてるんですけれどね」

診断の結果がなかなか聞けないので、イライラしたように言ったその言葉で、私はハッとした。出来物や腫瘍は時間によって、大きくなったり小さくなったりはしない。

ゴルビー君、病気とちゃうやん。オッチャン、そんなことも知らんのかと、突っ込み入れとぅなった。腹たつなぁ、もう。いや、あかん。私はプロや。れーせーに。

ゴルビー君の股間から出た私は、事務的に言った。

「大丈夫ですよ。まあ、せっかくやから体重だけ測っときましょうか」

診察台は、そのままデジタル式体重計になる。私は、淡々とスイッチを入れた。しかし、奥本さんは納得がいかないようだ。オロオロして聞いてくる。

「先生、そんな……、なんか出来物と違うんでっか？」

どうやら本当に知らないようだ。だとすると、冷淡な態度はよくない。それに、人医（人間を相手にする医者）だけでなく、現代の獣医学・獣医師にもインフォームド・コンセントとアカウンタビリティー（説明責任）が求められている。要するに、症状や診療内容をきちんと説明して飼い主に納得してもらうことが必要なのだ。この場合、私はオッチャンに犬のペニスの構造を説明して、安心してもらわなければならない。

やれやれ、今日はオッチャンのための犬の性教育講座やナァ。よっしゃ、ここは偉い偉い大学の先生みたいに少々はったりかましたろ。

「出来物ではないんですが、詳しく説明しますから聞いてください」

「え～先生、ごっつむつかしい顔しはって、恐いこと言わんといてくださいよ」

気にしぃ（心配性）の奥本さん、ちょっとびびり気味だ。

「（エヘン）犬のペニスの根元には、亀頭球と呼ばれる部分があります」

「キトウキュウ……でっか？」

「そうです（鷹揚に頷く）。犬は興奮すると、ペニスが勃起するとともに、この亀頭球も膨らみます。奥本さんは、それを出来物と間違えられたんですよ」

「ほぉお～」

よっしゃ、オッチャン感心してるで……。

「これは猫のペニスにはありません。（一拍おいて、厳かに）犬独自のものなんです」

「なんで、そんなもの犬にありますの？」

「（よしよしと言うように数回頷いて）い～い質問です。犬の性行動に関係があるんです。犬の精液は一液、二液、三液と出ます。二液が精子が入っているもの。一液と三液は、精子と卵子が結合、つまり受精するのに必要なんです。その量が多いので、漏れないように膣の入り口付近で封をする役目を、亀頭球は持っているんです。したがって、ふだんは膨らんでいないのですが、何かの刺激で犬が興奮すると大きくなるんです」

こういうときは、共通語（標準語）の方がええなぁ。やっぱり、大阪弁でしゃべくると緊迫感や深刻さに欠けるところがあるもんなぁ。ま、それもここまでや。

「そうなんでっか。でもボク、何も興奮するようなことしてまへんで」

「性的なことだけやのうて、遊んでてもなるし。汚れをタオルで拭いたときみたいに、何か触った刺激でなることもありますねん」

「さよか」

「そんとき、ふだんは隠れてる赤紫色の陰茎もペロンて出てるはずですよ」

「そやったかいなぁ。膨らんだほうばっかり気にしてたさかい……」

大阪弁に戻ると、奥本さんの顔が柔らかく明るくなった。心配していたことが一気に氷解というだけでなく、やはり郷土の言葉には人を安心させる何かがあるのだろう。

オッチャンの顔は、診察室に入ったときとまったく違う。おそらくゴルビー君は遊んでいるうちに、甘えて仰向けにでもなったのだろう。そのとき、興奮して膨らんだ亀頭球が目に入ったのだ。

「この子、幾つですか」

「四歳になりますかな」

「男盛りやねぇ。いままでにも亀頭球が腫れてたと思いますけど……」

「そうでっか。気ぃつかんかったな。この子、いつまで男盛りなんですか」

「大型犬の場合は、老化が早いから六、七歳ぐらいまでですやろなぁ」

「ほな、あと二年しかないんでっか」

「個体差やら飼い方にもよりますけど、まあそのぐらいでシニアに入りますね」

「なんか、寂しいものがおますな。ほな先生、僕はまだ男盛りですかね？」

なに考えてんの？　私が若い女の子やったら「キャア！　いややわァ」とか言うけど、年齢的にもうぼちぼち無理があるからなあ。ま、ええわ。オッチャン勇気づけたろ。

「人間のことは、そう詳しくないですけれど、まだまだ男盛りですやろ」

オッチャンは「ホウ」と、まんざらでもない顔をして悦に入った。

ゴルビー君とともに帰る奥本さんに、「もし、またなんか変わったことがあったら、遠慮せんとすぐ来たってください」と声をかけた。

分厚い毛の下の変化に気づき、慌てて病院に駆け込んで来た奥本さんは、りっぱな飼い主だと思う。飼い主が、飼っている動物のちょっとした変化に気づいて連れてきてくれなければ、治療のしようがない。亀頭球だろうが大きな腫瘍だろうが、気づかない飼い主や「そのうち治るだろう」と思ってしまう飼い主も多い。

獣医師としては、そうやって駆け込まれて、結果としてなんでもなければ万事ＯＫ。迷惑だなんてちっとも思わない。奥本さんみたいな人はありがたい飼い主なのだ。

ただ、「あそこ……」は勘弁してぇな。はっきり言うたってちょうだい！

まねき猫センセイ、中学校で教える

・人より多く勉強はしたけれど…

私は、大阪の下町で開業する獣医師。犬や猫の診療をしていればいい、そう思っていた。ご近所の飼い主の皆さんに信頼され、狂犬病の予防注射とか地域猫の去勢・避妊手術だとかを通して、地域社会に根づいた獣医医療をすることが役目だと思っていた。

一〇月も末、病院のそばにある公園の木から、ハラハラと落葉が舞い落ちる。遠くから焼き芋屋さんの「い〜しゃ〜きいも〜」という、テープに吹き込んだひび割れた声が聞こえてくる。「ヒマやし、石焼き芋でも買うて、みんなと食べよーかなぁ」などと、地域社会とはまったくなんの関係もないことを考えていた。

しゃぁないやん。今日はだ〜れも来うへんのやから。高いこころざしとは裏腹に、食欲が前面に出ている私だった。

そんな私のところに、とんでもない依頼が舞い込んだ。

「先生、なんや知らんNPOの大阪活性なんたらゆうところから電話ですよ」

ホームページとかメルマガで動物に関することを書いていて、さまざまな活動をしている人たちと交流がある。だが、「大阪活性なんたら」というところとは面識がない。

とはいえ、大阪の地域の活性化にはなんとか貢献したいと私は思っている。長引く不況で、電機産業の企業城下町だったここ守口市も、なかなか元気になれない。どんな形でも力になれたら。そう思って受話器を取った。

「NPO大阪活性促進総研の柿田と申します。今日は、酒田さんのご紹介で電話させてもらいました」

男性の声だった。酒田さんは、読売新聞の元編集委員。飼っている猫を介して知り合いになり、お付き合いさせていただいている。その縁で、数年前からは読売新聞の大阪のカルチャーセンターで、一般の人向けの獣医学や動物行動学の講座もさせてもらうようになっていた。

「はい、酒田さんやったら存じ上げてます。で、ご用件は？」

柿田さんの次の一言で、私は目がテンになった。

「石井先生に、中学校で授業をしてもらわれへんかな～と思いまして」

総合学習の一貫として、中学校ではさまざまな分野で仕事をしている人に授業をしてもらっているという。人選の基準は、仕事の内容、どうしたらその仕事に就けるかといったことを伝えられて、中学生に夢を与えられるような人。

これまで男性ばかり続いたので、今度は女性に頼みたい。そして、ペットブームを反映して、中学生の将来なりたい職業の上位に、犬や猫のシャンプーなどをするトリマー、獣医師などが挙げられている。というわけで、女性の獣医師を探していたそうだ。

ところが、大阪大学ＯＢを中心にして組織されている大阪活性促進総研のメンバーは、男性ばかりで、女性が一人もいない。つてを頼って酒田さんに相談したら、私を紹介されたというわけだ。

「私でええんですか？」

「はい。引きうけてもらえたら、ほんまに助かります」

「わかりました」

ということで、あっけなく決まった。

学校は堺市にある中学校。授業が行なわれるのは三週間足らず後の一一月一七日。テーマは一週間ぐらいのうちに決めて、おおまかな授業内容を提出してほしい。すでに依頼が受け入れられることを予定していたかのように、チャッチャと必要なことを教えてくれた。詳細については、一両日中に柿田さんが来られて打ち合せをするという。

電話を切って受話器を置き、落ち着いた冷静な頭で考えた。

「いやぁ、どないしょう」

そら大学には行ったで。せやけど、教職課程取ったわけやないし。取ってたら教育実習なんかもしとるやろうけど、教壇なんて立ったことないし。カルチャースクールで教えてるいうても、相手はほとんどオバチャンやし。

日本の将来を背負って立つ若者、中学生に夢を与える、何かを指導しようとか思いもよらんかった。確かに、好きなことを職業にはしてるけど、人様にものを教えるようなことはしてないんちゃうかなぁ。

こんな私に、何かの間違え、いやせっかくのご縁で回ってきたんやからと、「よっしゃぁ」と引きうけてしもうたけど。そもそも、人にものごとを教える柄でもないしな〜。

正直に告白すると、こんな私でいいのだろうか？

通常の大学生は二二歳で卒業する。だが、私は二五歳まで学生をしていた。授業を受ける経験は、豊富だ。

大学に入る前に一年、人より余計に勉強はしている。要するに浪人したのだが。獣医師になる課程は六年かかるから、一般の大学生よりは二年も多く授業を受けている、いや、さぼっている時間もけっこう多かったが。ただし、その分を追試験や再試験のために勉強したから、実際はちゃんと授業を受けていた真面目な同級生よりかは、ようけ勉強したんやけど……。

そこで私は、高校の恩師の北田先生、そして動物行動学者の日高敏隆先生にお伺いをたてた。人にものを教えることを生業としている人に尋ねることにしたのだ。私は開業している獣医師だ。つまり、一般の飼い主を相手に犬や猫の診察をして、ご飯を食べている。獣医師としての常識はもち合わせている。同じように、学校の教師や大学の教授という人たちは、人にものを教えるにあたって、「こう教えればいい」とか「こうやって教えていけば」とかいう秘伝があるのかもしれない。そう思ったわけだ。

●高校の恩師、成長した私に感心する

まず、高校の恩師の北田先生。ランチを兼ねてレクチャーしてもらった。さらに、先生は、同級生だった尾田君と、やはり教え子である尾田君のお姉さんを呼んでくれていた。私はできの悪い進学希望の生徒で、この成績で大学に入れるのかと、ずいぶん気を揉ませたものだった。それに対して、尾田君は優秀な生徒であった。同じ高校で同じ先生に勉強を習っていたけれど、私は獣道のような世界に住んでいて、ボーと高校生活を生きていたので、こういう優秀な人とは友だちではなかった。「なんや勉強ようわからんへんね〜」と、ダラダラと高校生活を生きていたと人ばかり仲がよかった。

しかも、高校時代は一学年一〇クラスもあったので、ほとんど初対面。現在、大学で教えているという。尾田君のお姉さんは、中学校の先生だそうだ。

相談を持ち掛けたとき、北田先生が「どんなことをどんなふうに教えるか、簡単なメモでいいから書いてきなさい」と宿題が出されていた。高校時代からは格段に成長した私は宿題をきっちりとやった。そして、中学生に教えようと思う項目を書き、コピーして先生と尾田姉弟に

見せた。それは、このようなものであった。

タイトル「私って、僕って、ほんまに生きているの？」

——見る、聞く、嗅ぐ、触るを使って——

＊動物のお医者さんって、どんなことするの？

日常の診察業務の説明

＊街の動物のお医者さんだけが、獣医なのか

・ウシなどの大動物の獣医師

・競馬の獣医師

・公衆衛生（食肉検査・食中毒・食品検査）

・海外から入ってくる動物の検疫（狂犬病が入ってこないよう等）

・製薬会社などで、毒性試験

＊どうやったら、獣医になれるのか

私の本『動物のお医者さんになりたい』

ドラマ『愛犬ロシナンテの災難』（ナマ堂本剛くんとは）
ドラマ『彼女たちの獣医学入門』

＊本当に生きているの？
・聴診器で、心音を聞いてみよう
・猫、犬、などの動物の心音の数

＊ヒトも猫も犬も哺乳類なので同じなの？
・犬の性成熟
・猫の性成熟
・犬と猫のオスの性器の違い
・メスとオスの違い
・どうやってメスは、希望のオスを探すか。メスが、子供を生むということ

北田先生は、紙から顔を上げて私を見ていた。あんなにできなかった子が、中学校で出前教師をするようになったんか、というような感慨ぶかげな顔だった。

先生は、授業の内容はおおむねＯＫとおっしゃってくださった。そこで、今度は現役の中学

校教師、尾田君のお姉さんに中学生の実態を教えてもらうことにした。

「いまの中学校は、どないな風になっていますの？」

「もう、勉強を教えに行っているというより、問題が多くてね……」

とお姉さんは、やや疲れた様子。え～、そんなぁ、初めて教壇にあがる私に、そんな恐いこと言わんといてよ。教える本人も自信がないうえに、生徒にも問題があるやなんて。う～ん、どないしょう……。

「授業中に、手をあげてトイレに行く人もいるし。授業をしにいきはったら分かると思うけれど、とにかくザワザワしているのよ」

そんなに落ち着きがない子たちが、私の言うこと聞いてくれるかしら。大阪活性促進総研の人たちは、「モデル校だから大丈夫」と言っていたけれど……。心配そうにしているのがわかったのか、弟の尾田くんがフォローする。

「授業というのは、最初に生徒の気持ちを引き付けて、興味を引くのが大事やね。漫才でいう『つかみ』が大切やから。せやから、この堂本剛クンの話を最初にしたらええんやない。やっぱり、みんなアイドル好きやから」

つかみ。漫才師が、登場していきなりギャグをかましたり、おもしろそうな話題で客が耳をそばだてるように仕向ける。それと同じで、まず生徒にこちらを見させることが大切なのだという。生徒の心をつかむ、それが基本なのだと教えられた。それには、ナマの堂本剛クンに会った話が一番だと、三人が太鼓判を押してくれた。

私が書いた『動物のお医者さんになりたい』が、二〇〇一年に放送された日本テレビ系列のドラマ『愛犬ロシナンテの災難』の資料に使われた。そこで、何回か撮影に立ち合って、打ち上げにも呼んでもらった。当然、堂本剛クンをはじめとする出演者にも会うことができた。剛クンと並んで撮ってもらった、その時の記念写真がある。それを引き伸ばして使うことにした。

さらに、尾田くんから、

「項目がたくさんあるけど、授業は四五分しかないでしょう。いきなり始めるわけやない。自己紹介もあるし、話すだけやのうて板書もせんといかんし」

こんなにたくさんは話せないから、どれかに絞るといいよ、という忠告も受けた。

結局、最初に自己紹介をかねて、私の本『動物のお医者さんになりたい』とドラマ『愛犬ロシナンテの災難』（ナマ堂本剛クン）やドラマ『彼女たちの獣医学入門』の話をすることにした。そして本題は「＊本当に生きているの？」と「＊ヒトも猫も犬も哺乳類なので同じなの？……犬と猫のオスの性器の違い……犬と猫の発情期と交尾について」とすることにした。

最後に、本職の先生たちから、前を向いて話す時間と黒板に向かって板書する時間、机の間を回って話す時間の割合などについても教えてもらった。それがアクセントになって、生徒が集中を切らさないようになる。学校の先生は、ただ立って話し、黒板に字を書いていればいいわけではないのだ。「つかみ」のことといい、「生徒」という観客を前にした舞台俳優か寄席芸人のような能力も必要なのだと知った。

●技術より内容が大事なんや

次は、日高敏隆先生。動物行動学が世に知られる端緒となった、ノーベル賞受賞者、コンラート・ローレンツ博士の『ソロモンの指輪』を翻訳なさった。日本の動物行動学の先駆者であり権威。現在は、総合地球環境学研究所の所長をしておられる。京都にお住まいなので、たびたびお邪魔してはお話を伺っている。

お忙しい方なので、今回は「中学生に授業します」という報告の手紙を送るだけにした。ところが、一一月上旬に北海道大学で行なわれた動物行動学会に出席したとき、日高先生の方から声をかけてくださった。手紙のことを心に留めていてくださって、講義の方法などについてお話を伺うことができた。

「東京の女子大で講演を頼まれたことがあってね。千人ぐらい入る講堂でね。ただ、大学の職員から、前もって『全部女の子ばかりなので、ひょっとしたらものすごくうるさいかもしれない』と言われていたんだ」

「二〇歳前後の女の子って、よく喋りますものね」

「主催者側も僕に気をつかったんやろうね。ところがね、石井さん。講義中、誰も話さなくて、すごく静かだったんだよ。なぜか。それは、話す内容なんだ」

日高先生は、学会でも講義をなさった。学会という場所でもあり、落ち着いて話されるが、講演の題材の選び方も的確だし、話術が巧みだ。

「話術も演題も大事だけど、それ以上に内容が大切なんだよ」

日高先生の話すことなら、何でもおもろいように思うけどな。そら、学会での講演やから、演題は私らの興味のあることばかりやけど。それよりも大事な「話す内容」とは、何なんだろう？　私は不思議だった。

「何を話されたのですか？」

「相手、つまりそのときは女子学生だね。彼女たちが興味を持てる内容を話すことが大切なんだ。それで、動物たちはどうやって伴侶を見つけるかという話をしたんだよ。動物の場合は、ペアリングするのは全部、メスの意志だからね。女子大生というのは、これからどうやって結婚相手も見つけるか、大きな課題だからね。そういう話だと、みんな真剣に聞くの。だから、題材は何であれ、中学生にも興味の持てる内容を話すといいよ」

なるほど、話をする相手が興味を持てる内容か。話すことの奥義を教えていただいたような気がした。

教えるプロの人たちの話も聞いた。題材を決め、項目を絞り込み、話す内容も決まった。後は、一一月一七日の本番の講義をするのみ。「これで、準備万端！」と思いたいのだけれど、まだ何か自分の中でしっくり来ない。何なんだろう。

午後四時の診療開始に合わせて、三時過ぎに病院に向かう。下校する女子中学生の集団とすれ違った。間近に迫った中間テストのこと、部活のこと、アイドルのこと、キャッキャッと甲高い声で楽しそうにしている。「ああ、私にもああいう時代があったなあ」と思って、ハッと気づいた。そう、私は最近、中高校生と話したことがないのだ。彼ら彼女らが、どんなことに興味を持ち、どんなことに関心があるのか、まったく知らない。

ナマ堂本クンの話をするゆうても、どんなテレビドラマが好きとか、何が流行っているかも知らんしぃ。さっきの女子中学生の話を聞いとったら、なんやよう知らん単語もしゃべっとったしぃ。

果たして私の日本語が通じるのか、それさえも心配になってきた。中学生に教える前に、中学生と会話をしておかなければと決心した。

診察室に中学生が来ないか、網を張って待っていた。まねき猫ホスピタルは、家族連れ子ども連れが多い。だから、病院にたくさんやってくるのではないかと思ったのだが、こちらがそう思うと、なかなかこない。中学生だから、平日の夕方から夜遅くは来れないのだろう。週末ならと思ったが、やはり中高校生は来ない。やってくる子供といえば、お父ちゃんお母ちゃんに連れられてくる赤ちゃん、幼稚園児、小学校低学年の子らばっかり。結局、ナマの中学生と遭遇することなく、授業を始めることになった。

●いよいよ本番。「つかみ」はバッチリ！

一一月一七日、ＮＰＯ大阪活性促進総研の役員の柿田さんと堺市の中学校へ向かった。まず校長室に入って、お茶を呼ばれる。

「万寿美先生、どうぞ」

柿田さんは、何度か校長室に来ているらしく、私を案内してさっさと職員室を通って校長室に入っていった。

「校長の花田です。今日は、授業を引きうけてくださってありがとうございます」

校長先生は立ち上がり、名刺を差し出した。

「獣医師の石井と申します。本日はよろしくお願いいたします」

私も一人前の社会人らしく、名刺を渡し丁寧に礼をした。名刺交換なんて久しぶりだ。小学校から高校までの間、校長室に入ったことはほとんどない。せいぜい掃除当番ぐらいだ。あとは、問題が起きたときなど特別なことがない限りは入ることのない場所という雰囲気があったので、校長室は異空間だった。

この学校の説明をしますと言いながら、校長先生は話し始めた。

「正直なお話をしますと、出席を取りましても全員が揃うことはなかなかないんですよ」

「ああ、風邪とかで休んでるんですか？」

私は暢気に尋ねた。校長先生は言葉を選びながら答える。

「報道などでご存知だとは思いますけれど……、一クラスに一人か二人ぐらい、登校拒否とか、いわゆる引きこもりの子がいるのが現実なんですよ」

たしかに、学校に行かなくなる、行けなくなる子どもたちがいるということは知識として知っていた。だが、現実に直面すると、言葉が出なかった。私が言葉を飲み込んでいるのを知って、柿田さんは、助け船を出した。

「万寿美先生、それでもここはモデル校ですから。授業中にふらりと出て行く子もいないし、ほらガラスとかも割れてないでしょう」

と、連絡事項と伝えるように説明する。ガラスが割れてないのが自慢になるなんて。教育の現場は、そんなことになっているの！　驚くことばかりだった。

いよいよ、教室で授業が始まる。担任の先生が、生徒を前にして私のことを紹介してくださった。先生に代わって教壇に立ち、挨拶をする。

「大阪の守口市で動物病院をしている、獣医師の石井です。つまり動物の医者です。どんなことをしているかわからないと困るので、まずは私のことを話します」

そう言うと、まず黒板に引き伸ばして持ってきた、堂本剛クンのとのツーショット写真を貼った。尾田くんにいわれたように、まずは「つかみ」だ。

柿田さんに言われていたのは、中学生に夢を与えてほしいということだった。私は、「獣医師になる」という夢を実現した人間。夢を持ち、それに向けて努力すれば、いつか叶うということを教えてほしいと。夢を持つことは大切なことなんですよ、ということが伝われば、というこ とだった。芸能人と話をして一緒の写真を撮ることが夢かどうかは別にして、少なくともアイドルと会うことができたのも、獣医師という夢を実現したからだ。その意味では、つかみとしては最適かもしれない。

「まぁ、あれ、剛くんと違うの」

「何、何」

「私も欲しい!」

「あれ、もらわれへんのかな」

というざわめきが起こる。生徒の注目を背中ごしに感じた。

振り向くと、生徒の視線が写真から私に移る。写真で剛クンと並んでいるのが、確かに目の前にいる人だと確認しているようだ。注目を浴びているうちに、つかみの話題に入った。

『動物のお医者さんになりたい』という本を書いたこと、それがドラマの『愛犬ロシナンテの災難』に使われたこと、写真は撮影の打ち上げのパーティーで撮ったこと……。ジャニーズのスターにじかに会った獣医師。とりあえず、生徒たちはそういう認識だ。

「虎の威を借りる狐」という言葉がよぎったが、まあえぇやろ。持ってるものはなんでも使わな! 目立ってなんぼやで、という大阪のオバチャンの精神でよしとしよ。

● 君らはみんな生きている！

手を挙げて、途中でトイレにいかれたらどうしようかと思ったけれど、中学生は私の方を見てくれている。そこで、いよいよ本題に入る。動物のお医者さんは、モノではなく生きている命を扱う仕事だということを話した。

「みなさん、自分は生きているという実感はありますか？　どんな時に、生きていると思うかな？」

と、質問をなげた。スーパーに行けば、魚は切り身で売られている。格家族化で、身近で息を引き取る人を看取った経験があまりない。そういう社会環境に住んでいる生徒たちは、「いのち」とか「生死」と触れ合うことが少ないらしい。獣医師は常に命と向き合っているから、実感としてわかる。だから、あえて尋ねてみたのだ。ハイといって手をあげてくれる子はいなかったので、名簿を見ながら指名した。

「なんとなく、わかる」

「心臓が動いているから」

ボソボソと生徒たちは、答えてくれた。「それでは」と、私は用意してきた聴診器を二人に一つずつ配った。

自分の心臓に聴診器を当てて、一分間に何回拍動しているか、数えてもらった。授業を聞いているだけは面白くないだろうと思って、参加型にしたのだ。みんな熱心に、神妙な顔をして、心音を聞いている。女の子の生徒たちは、キャ〜キャ〜と叫んでいるけれど、男の子の生徒は、ただ黙々と聞いているだけだった。聞こえているのか、あるいは私の言っている意味がわかっているのかどうか不安だったけれど、誰も教室から出ていかないので、「まっいいか」と思って、彼らの様子を眺めながら、机の間をウロウロとしていた。数分で、全員が自分の心音を聞きおわったようだ。

「自分の心音は、一分間に何回聞こえましたか？」

と尋ねて、答えてもらった。みなさん、しっかり聞いていたようで、「五〇回」とか「七〇回」と答えてくれた。

「じゃあ、犬や猫の心拍数は、どのぐらいでしょう？」

ここで訴えたかったのは、同じ哺乳類でも、人間と犬や猫では心拍数が違うこと。同じ生き物と思っていても、種によって違いがあるということ。だから、今度は質問せずに、私から答えを教えた。

「ヒトは一分間に六〇回程度ですけれど、犬は一〇〇回ぐらいで、猫は二〇〇回近くになります」

そこで、今度は心臓のしくみを簡単に説明した。

「犬の心臓も猫の心臓も、ヒトと同じに左心室、左心房、右心室、右心房があるのに、心拍数はこんなに違うんです。だから、犬や猫をヒトとまったく同じだと思わないでね。犬には犬の猫には猫の理論があります。そのことをわかってほしいんです。人間と同じじゃなくて、違う動物なんだから、彼らのことを勉強して飼ってあげてほしいんです」

生徒たちは「ふ〜ん」という顔で、こちらを見ている。う〜ん、どこまでわかってもらえたのか。頭の中には、聴診器を使ったな〜しか残っていないかもしれない。でも、まあ、体を動かしたし、静かにしているので、次の話題にした。

猫と犬の性行動の話に移る。

「みんなに質問です。犬の交配を見たことのある人？」

誰も手をあげないかなと思ったけれど、一人の女の子が少し恥ずかしそうに手をあげてくれた。私は気をよくして、犬のペニスと猫のペニスのイラストを、黒板に貼り付けた。ザワザワして授業にならなくなるかもと思ったけれど、ペニスのイラストを見ても生徒たちは息を飲むだけで、静かに静かに聞いていた。

まず、犬の交配について説明する。オスがメスの上に乗るだけでは妊娠しない。ペニスから第一液、第二液、第三液まで出して、初めて受胎する。第二液が精液で、第三液が精子を送り込むものなのですよ、と。

そして、犬の交配の姿勢。最初はメスの背中にオスが乗り掛かり、最後はメスとオスがお尻をくっけているみたいな形になります。つまり、お尻とお尻がついたような状態にならないとダメなんですよ、と。

「先ほど、犬の交配を見たという人、そういう風になってましたか?」

と尋ねた。その子は、私を見て大きくうなずいていた。次は猫だ。

「犬と猫は、同じように見えるかもしれないけれど、まったく違うんですよ」

と言いながら、猫のペニスのイラストについて説明した。猫のペニスなんて見たことのある子はほとんどいない。「へぇ」という声が聞こえたような気がした。猫のペニスには、トゲがついているのだ。

「なんで、こんな痛そうなトゲがついているんでしょう」

そこから、猫の交配のしくみについての解説を始める。犬などのペニスは膣に挿入しやすいようにつるりとしているけれど、猫は交配のときにこのトゲの刺激で排卵する。それで、こんなトゲなようなものがついているんですよ、と。猫は、犬と違って単独行動で生活する動物なので、自分のペースで発情が来て排卵しても、オスに出会えない可能性がある。そうすると卵子がムダになるので、こういう交配のしかたをする。そして、猫の交配時間は、数秒で終わることも付け加えた。

私の初めての授業は終わった。

今日の中学生たちは、おとなしく静かに静かに聞いてくれていた。けれど、逆に考えると、あまり反応がなかったとも言えるかもしれない。四半世紀も前に中学生だった頃に抱いた、獣医師になる夢。そして、なってから感じていること。大阪のオバチャンになりつつある私の、夢と心は中学生に伝わったのかしら？

冬

それにしても まー
あちこちで
ペラペラインフルエンザやら
ペラペラ風邪やら
も～どこの
病院もそら
ぎょーさんペラペラ
フックショイっ
!
先生どないしたん？難しい顔して…
そないにミーの具合悪いんでっか？
やかましゅーて心音聴こえへん
ミー！死なんといて～
あーっもう！

猫からの贈り物

♪クリスマスがやってくる！

そろそろクリスマス。クリスマスといえば、プレゼント。

人の好みや相手に似合うものを探したり見つけること、あの人には花にしようか、アクセサリーにしようか、あれこれ考えるのが、私の楽しみのひとつだ。

楽しみではあるが、悩むところでもある。せっかく贈っても、「なんや、こんなもん。ケチくさいなー」と思われるのは癪である。やっぱり「そうそう、これがほしかってん。なんで、わかったん」といわれるようなものにしたい。それには、観察眼と洞察力が必要。一朝一夕で身につくものではない。一緒に食事をしたときに、好きなお酒や食べ物をさり気なく聞いておく。どんなブランドのカバンを持っているか、どんな服装をしているか観察する。ゴルフやカメラなど、趣味の話もよくおぼえておかなければならない。

「今年のプレゼントは」などと考えているうちに、猫の贈り物のことが頭に浮かんだ。

猫には狩りの習性がある。庭に出て雀がいたりすると、体を伏せて少しずつ前進する。頃合を見計らって、お尻をピクピクッと震わせたかと思うと、獲物に飛び掛かる。

習性だからしかたがないのだが、何より困るのは、その獲物を飼い主に見せにくること。たしかに、私は自分が贈り物をもらうのが好きで、だから逆に人に贈り物をするのも好きだけど、部屋のど真ん中に雀やらねずみやらの贈り物を置かれても……なぁ。

「あのな、私にも好みがあるねん。雀はいらんの」

猫は、私のように相手（人間）の好みや趣味を知ろうと観察力や洞察力を養っているかどうか。たぶん猫は、そんなこと考えもしないだろう（当たり前や。だいたい私は、師も走るという師走に、何ヒマなこと考えてるの？）。

さて、誰に何をと思い巡らしていると、静寂を破る悲鳴！

なんやねん。人が考え事してるのに。あっ、いかん。私は獣医師や。お客さんや！

「今日はどうされま……」

いつもの言葉を言いおわらないうちに、

「先生！　助けてー！　どうにかしてぇーっ！」

ドタバタというあわただしい足音が、待ち合い室に飛び込んできた。続いて、

「すいませんねぇ、ほんまに。大丈夫かしら。ごめんなさいねぇ」

という言葉が、繰り返し聞こえてくる。私はあわてて診察室から待ち合い室をのぞいてみた。

人が犬でも……違う、犬が人でも咬んだのだろうか。

たしかに狂犬病の心配はあるやろうけど、人の怪我やったら人の病院に行ってぇな。

「まねき猫ホスピタル」というキテレツな名前のために、開業当時はさまざまな問い合わせがあった。それはしかたない。だが、つい最近、人間がやってきたことがある。

「そんなアホな」と思う人もいるかもしれない。待ち合い室には「狂犬病のワクチンはおすみですか?」とか「産まれた子猫もらってください」といったポスターが貼ってある。受け付けの窓口の横には、でかい犬の系統図が飾ってあるのだから。

だが、大学生風のそのお兄ちゃんは、たぶん熱で具合が悪くて目に入らなかったに違いない。スタッフが「今日は（ワンちゃんか猫ちゃん）どうされましたか」と聞くと、保険証を窓口に差し出した。

「どうも風邪をひいたようで……」

と。冷やかしではなく、大真面目に。

スタッフは、どう対応していいかわからず、おろおろしている。本当に具合が悪そうなので、笑うのも気の毒だ。スタッフに代わって、私は、

「えらいすいません。うちは動物専門の病院なんで、人さまはよう診ませんのです。申し訳ございませんが、人間さまの病院へ行っていただけませんか」

と、ていねいにお断りした。お兄ちゃんは、呆然となったあと、えらく恐縮していたことを

おぼえている。頭は何度も下げるのだが「はぁ……」と言ったきり、ひと言も話さずにお帰りになった。

帰り道、大丈夫やろか。風邪の具合悪さより精神的ショックのほうが……。

そんな経験があったばかりだから、事情もわからずに「とりあえず病院や!」と飛び込んできた人だろうと思ったのだ。

●猫の玉ちゃん、リスを狩る

やれやれ、またかいな。こら、「まねき猫アニマルホスピタル」に改名しようか。ああ、でも名刺やら看板やらカルテやら診察券やら作り替えんならんしで、えらいお金かかるしなぁ。難儀やなぁ……などと考えていると、

「何してるの、先生。ぼぉっとしとらんと、はよ診てください!」

聞き覚えのある声の主は、常連の田端さんだった。私は一安心した。よかった、動物の診察や(よく考えたら当たり前のことだけど)。だが、田端さんは血相を変えて騒いでいる。かたわらには、見おぼえのない上品そうな初老の女性。田端さんの飼い猫、玉ちゃんの姿は見えない。それどころか、どこにも動物の姿はない。

助けてって、血相かえて田端さん。何? まさか、その女性がどうにかなったってわけやないやろね。私は人間は診んのよ。だいたい、いくらあわててるゆうても、ここが動物病院て知

ってるやないの。ああっ、やっぱり名前変えよか……。

私が不審に思っていると、田端さんがじれったそうに私を呼ぶ。待ち合い室に出ると、女性が奇術師のような仕草で上着のポケットからリスを取り出した。そして心配そうに言う。

「先生、早く、早く来て！」

「先生、この子のシッポが……」

リスのシッポは、通常なら体と同じくらいの大きさで、全体がフサフサした毛に被われている。しかし、そのリスのシッポは付け根の毛が半分ない。肌が見えて血がにじんでいるようだ。ほかに外傷はなさそうだが、ショックのためか女性の手の中でぐったりとしている。飼い主のほうも動揺していて、説明ができそうにない。代わりに、田端さんが事情を話し始めた。

「うちの玉のせいなんです」

今にも泣きそうな顔だ。

「玉ちゃんが？」

「こちら、お隣の奥さんなんですけど、このリスちゃん、飼ってらっしゃいますの。手乗りリスで、とっても賢い子ぉなんです。いつも、奥さんがゴミをほかしに出られるときに後ろからチョコチョコついて行って……。そりゃあ、もう、かわいかったんです」

それを聞いて、その奥さんがグスンと鼻をすすった。

田端さん、縁起でもない。まだ生きてるのに「かわいかった」て過去形で言わんといて。

「玉が、玉がリスちゃんをくわえてウチに持ってきたんですわ。得意そうにニャーと鳴いて、主人の前にポトッと落としましてん。それ見た瞬間に私、ギャーッと叫んで、血の気がサーッと引いていきましたわ。血圧下がるって、あないな感じやろか。ようわからへんけど。ほれ、私、血圧高いやろ」

ちょっと田端さん、脱線せんといて。私は動物のお医者さん。人は診ないの。だいたい、あなたの健康診断の結果なんて知りません。

「どないしょー思て、固まってしまいましたわ。奥さんがリスちゃん大事にしてはるの、知ってましたから。それで、あわてて奥さんと先生とこ来たんです。お願いします、先生、診てあげてください」

私はリスを受け取って、診察室に入った。二人もついてくる。

「血はここについているだけですか？」

「そうでございます」

奥さんは頼りない声で返事をした。隣で田端さんが、繰り返し謝っている。

「今、玉はオシオキで部屋に閉じ込めてます。よりによってお隣の子ぉをハンティングして帰るとは。本当に申し訳ございません」

田端さんは、私に説明し、お隣の奥さんに謝り、また私に説明している。猫の習性からいえば、必ずしも玉が悪いというわけではない。オシオキはちょっとかわいそうかなと思うが、黙っていた。こういうケースでは、獣医師は仲裁に入らないほうがいい。ペット同士のケンカなら、どちらの言い分も聞かず、まずケガの治療に専念する。私はショック症状を起こしているリスを、そっと診察台に乗せた。

外傷は、シッポの毛の抜けている部分だけだった。牙が当たったところに小さな穴が開いて血がにじんでいる。出血は止まっていた。毛をかきわけて見たが、ほかには打撲も内出血している箇所もなく、きれいな肌色。

玉はヒョイとシッポだけをくわえたようだ。もし、玉が小さな獲物を本気でしとめるつもりだったら急所、脊髄の通っている首筋をひとかみしていただろう。

リスはリスで、玉から逃げようともしなかったのだろう。小さなげっし類には、外敵に襲われると気絶してしまうものもいるらしい。気絶したらかえって危ないと思うのだが、チョコマカジタバタしたら、猫は面白がっていたぶるのだから、ラッキーだったというべきかも。

無抵抗でいたことがかえってよかったのだろう。動かないので興味をなくした玉は、傷つけないようにそっとくわえてお持ち帰りになったのだ。

玉にすれば、日頃お世話になっているお父さんに素晴らしい貢ぎ物をするつもりで意気揚々と持ってきたのだ。これなら、お父さんはさぞ喜んでくれるに違いないと。ところが、期待に反して、歓喜の声ではなくお母さんの悲鳴が上がったというわけだ。しかもオシオキ部屋。今ごろは理不尽な扱いに腹を立てているかもしれない。

人間やったら「そんな殺生な」て言うやろなあ。あっ、殺生しかけたのは玉か？ などと、しょうもないことを考えながらでも治療できる、軽いケガだ。消毒液で傷口をぬぐい、抗生剤の注射をして、終了。リスはもう気がついて、しっぽを動かしている。薬を渡して、一日一回消毒してふりかけるようにと伝えた。

●貢ぎ物は旬のヤモリやトンボ

数日後、田端さんは、ケーキを持って病院に挨拶にきた。

「その節は本当にお世話になりました。お隣のリスは、元気で走り回っていますわ」

その日は雨で（晴れていても）ヒマだったので、お茶を入れてケーキをごちそうになることにした。

「あのときは、お隣に会わせる顔がありませんでしたわ。ご自慢のリスでしたから。寿命が一、二年縮んだ気がしますわ」

「リスちゃんは、まだ放し飼いですか？」

田端さんはケーキを口に入れたまま、首を振った。

「あれ以来、奥さんはゴミをほかすときは、お勝手口を閉めてはります」

「それがいいですよ。外では何が起きるかわからないから、放さないほうが」

お茶をごくっと飲んで、田端さんはため息をついた。そして思案顔で自分の持ってきたケーキの二つめを食べ始めた。遠慮しいしいなのだが、私はちっとも「図々しい」などと思わない。お互い気心の知れたどうし。私が田端さんの家にお菓子を持っていったとしても、同じことだろう。こういう気のおけないところが、守口という場所の下町っぽいよさだと、私は思っている。

二つめのケーキの最後の一口を食べおわると、田端さんはまたため息をひとつ。

「玉にはお隣の子ぉは、絶対に持ってきたらあかんでー、と言い聞かせたんですけどね。わかっているやら……、先生、どうなんでしょ」

猫に言い聞かせて、わかるんかいな。そら、私も知りたいわ。玉の返事がわかるくらいやったら、獣医師やめて商売替えするで。

私がぼんやりしていると、田端さんは「やれやれ」といった顔で話す。

「ほんまに、玉にはいっつも驚かされますわ」

「そんなにいろいろ持ってくるんですの」

「そうですがな。そら、もうしょっちゅう。シュンのものを」

「シュン～?」

て、あの「旬」? タケノコにカツオにサンマとか、カニとか。まさか、世の中にそんなおいしい話があるんかいな。ええネコちゃんやないの。いまやったら七面鳥……それともお歳暮の新巻ジャケ……。

「そうそう、旬のものを。春先は、まだ飛ぶのが下手くそなスズメのヒナですやろ。夏はヤモリにセミ。秋にはせっせとトンボをくわえてきますわ」

田端さんは、ほかにも何か持って帰ってきたかしらん、とけんめいに考えている。ああ、そうか〜。しょせん、猫は猫だ。メロンとかウニとかマツタケとか、こちらの好みや趣味を勘案してはくれないのか〜。（よう考えたら当たり前やけど）

それにしても、守口みたいな町中にもまだヤモリやトンボがいるのか、と驚いた。毎日、自転車に乗って大急ぎで町を通り過ぎているので、公園や堤防の側を通りながら大切なものを見失っていたのかもしれない。玉の視点で見たら、きっと町にも貢ぎ物はうじゃうじゃいるのだろう。

「よしよし、とほめてやると、口から放すんですよ。でも、ほんとにたびたびなんで、困ってますの」

「田端家によっぽど感謝しているんですわ、それは」

「でもね先生、玉は何か持って帰ると、まずはじめにうちの人に渡すんです。腹立ちますわぁ、ほんまっ。玉の世話してるのは、私やのに……」

「へえ、そうなんですか。玉ちゃんは、ご主人を立てているんですね」

今ひとつ納得できないという顔で、田端さんはお茶をすすった。

「そういうことになるんですかねー。玉が貢ぎ物を持ってくると、うちの人もそれは嬉しそうな顔してますけどね」

玉は、貢ぎ物を持ってきたときにお父さんの顔に浮かぶ喜びと賞賛の色を見て、深い深い満足を得るのだろう。ハンティングに費やした時間とエネルギーが報われた気がするに違いない。だからこそ、季節ごとに目先を変えて、旬のものを届けるのだろうか。

田端家には玉がいるおかげで、これからもどんどん珍しい旬のものが運ばれてくることだろう。その貢ぎ物に楽しみを見い出すべきだ。猫の感謝と尊敬を受ける飼い主たるもの、今度は何を持って帰るのだろう、と、でんと構えているくらいがいいのではないだろうか。

田端さんとスタッフと私のティータイムは終わり。ケーキは全部なくなった。「夕飯のしたくや」と腰を上げた田端さんにケーキのお礼を言ってから、釘をさしておいた。

「ほんまは、猫ちゃんは家の中だけで飼ったほうがいいんですよ。今回のように、よそのリスやら小鳥やらを襲うこともあるかもしれませんからね」

よその家の庭やら軒先にウンチをしたり、オシッコをひっかけて迷惑をかける。それだけではない、他の猫の縄張りに入ってしまって、あっちで追い掛けられこっちで脅かされしているうちに、家に帰れなくなってしまうこともある。ケンカしてケガをすることもあるし、猫エイズや白血病などの病気をうつされることもある。いちばん怖いのは交通事故だ。

田端さんは、意外そうな顔をした。

「家ん中で飼えって……。せやけど外の空気を吸わないと運動不足になって、ストレスがたまるんやないですか」

「運動は猫じゃらしやら、勝手に動くスプリングの入ったオモチャやらで遊ばせれば十分なんですよ。猫ちゃん用のタワーもあるし」

そのうえで私は、「猫は室内だけで十分満足して暮らせるのだから、できれば放し飼いにしないこと」と教えてあげた。外に出るのなら、迷子札を付けた猫用の首輪をかならずつけること。そうすれば、迷子になっても飼い主に連絡がつくし、玉が忍び寄っても鈴の音で獲物がすぐに気づくからだ。

田端さんを見送ってから、私は沖縄や対馬の話を思い出した。希少な野生生物を、飼い猫や捨てられた猫が襲っているという。飛ぶことのできないヤンバルクイナが、明らかに猫にかまれた傷で死んでいるというのだ。

希少な生きものを保護するためという理由だけでなく、猫を捨てないことなんて、飼い主なら当たり前のことだろう。そんな当たり前の話なのに……、なぜみんなそうできないのだろう。

田端さんは「ほんまに、もう」とため息をつきながらも、貢ぎ物をせっせと持って帰る玉ちゃんを大切にしている。だから、危険がいっぱいの外で遊ばせるのは、極力避けてやってほしいのだ。玉ちゃんの安全と、ご近所の平和のためにも。

「いのち」をめぐる飼い主と獣医師との信頼関係

●ミューが破水した！

年明け早々に、難治性の皮膚病の子の薬浴、さらに肥満細胞腫の犬の手術・再手術と難しい治療が続いた。その後、ぽっかりとのどかな日が続いた。私は、飼い主の海外旅行の間、預かっているキャバリアと診察室で遊んでいるところだった。散歩とウンチやオシッコのときだけでなく、たまに手があいた時にケージから出してスキンシップを楽しんでいる。そんなのどかな雰囲気が、一瞬で吹き飛んだ。

「先生、はよ、はよ、診て！　この子、なんかおかしいねん」

猫のミューの飼い主、織田さんが、バスタオルの包みを抱きかかえて診察室に入ってきた。ミューは妊娠していて、一〇日ほど前に診察したばかり。妊娠がわかってから、元気に暮らしていた。レントゲン撮影をして、胎児の数、骨盤の大きさを診断した。四匹の胎児は、どれもすくすくと育っているように見えた。

妊娠八週目になるから、出産はもうちょっと後のはず。何かよくないことが起こっているのは、織田さんの慌てようで伝わってくる。キャバリアをケージに戻し、ちゃっちゃと手を洗って診察台に乗せられたミューを見た。

「どうされました?」

「なんかようわかれへんねんけど、袋みたいなんが出たり入ったりして……そのうちに破れてしもうて……」

「えっ、破れた?」

「はあ……。どうしよう、ミューをミューを助けて。ね、お願い、助けて」

「落ちついてね、織田さん。あわてずに聞いてください。それは、いつやったですか」

「え、そんなんほんのちょっと前ですわ。一時間ほどぐらいやったか……」

ミューは破水したのだ。普通の状態なら陣痛が始まり、子猫が産まれてこなければならないタイミングのはず。だが、子宮の中で何か異変が起こっているのだ。スタッフに、お産と帝王切開の両方の準備を指示する。のどかだったまねき猫ホスピタルは、いきなりERの慌ただしさになってしまった。

「先生、お願い、助けて……」

織田さんは、ミューにおおいかぶさるようにして、涙を流し出した。ミューは陣痛が来ているようで、ウンチをするように何回もきばっている。だが、子猫は出てこない。

「胎児が産道で留まっている可能性があります。すぐ帝王切開した方がいいです」

「自分の力では産めへんいうことですか？　体にメスを入れんとあきまへんの」

「このまま自然分娩を望まれるのでしたら、織田さん、何匹かの子猫については覚悟しておいてください……」

「先生、覚悟って……。どういうことです？」

「窒息して死産になったり、なんとか産まれても後遺症が残ることもあるんですよ」

「後遺症て……、ミルクのようになるかもしれへんいうことでっか？　ミルクのように……」

●ミルクの思い出

ミルクは、織田さんがミューの前に飼っていたペルシャ猫だ。産まれて間もない頃からてんかん発作を起こしていたミルクは、どこの動物病院へ行ってもなかなか効果的な治療法が見つからなかったという。いくつかの動物病院を転々としていた織田さんは、犬の散歩仲間から聞きつけて私の病院にたどり着いた。

その時の織田さんは、獣医師に対して懐疑的だった。どこへ行っても原因も治療法もはっきりしない。一日に何度も口から泡を吐き、震え出してオシッコやウンチをもらしてしまう愛猫を見ているのは、たまらなかったことだろう。

この発作さえとめてくれたらと思っても、動物病院では原因不明のものだから、とにかく検査。検査をすれば、多額の治療費を請求される。なのに、発作はなくならない。私のところに来ても本当に治してもらえるかどうか、不安だったようだ。

ミルクは、私が処方した抗てんかん剤が劇的に効いた。一日二回、飲ませてさえいれば、普通の猫と変らない暮らしを送れるようになった。織田さんが帰宅すると、軽やかにイスから降りて織田さんの足元にまとわりつく。そして、目を細めてゴロゴロと喉を鳴らすようになったらしい。しかし、やがてミルクは、激しい痙攣がひっきりなしに起こるようになった。高熱が出て抗痙攣薬の注射を何度もしたが、しだいに効果がなくなった。痙攣を繰り返し、半日ほど苦しんで息を引き取った。

診療の過程で、ミルクが産まれたときの様子も聞いた。自宅で生まれたのだが、母猫が破水した後も産道に長くいて、なかなか生まれなかった。生まれた時は仮死状態で、他の子のように生命力のある声で鳴かなかったらしい。織田さんがマッサージをして、どうにか助けたのだ。てんかん発作は、産道にいたときに酸素欠乏になり、その後遺症なのかもしれないと話したことがある。

「あのミルクちゃんのようになる可能性はあります……。いま帝王切開すれば、そのリスクは最小限でとどめられます。ただし全員が無事にこの世に出てくるかどうかは言い切れませんけれど……」

「また……、ミルクのような子が……」

「長生きできなかったり、後遺症が出たり、何かある可能性はあります」

● 帝王切開で生まれた小さないのち

「先生、お願いします」

急遽、帝王切開が始まった。スタッフは手術器具の滅菌などの準備を整えてあった。皮膚、腹膜を切開して膀胱を脇にずらすと、子宮が見えた。胎児が生まれ出るために活発に動くのが、赤っぽい子宮からすけて見える。だが、産道にいる子だけはやたらに小さく、動きは鈍かった。子宮頸部にメスをあて、次々に胎児を取り出した。産道にいた子は、口の中の粘膜の色が紫色になっている。明らかに血液中の酸素欠乏によるチアノーゼの症状を示していた。他の子はまるまる太っていて、粘膜も赤かった。

「この子、なんか弱々しいですね。息も弱々しい」

他の子は満たされたピンクのお腹を見せて、保育器の中で夢見ているようにモゾモゾ動いている。私は、その小さい子に心臓マッサージをして、蘇生をおこなっていた。

「先生……、先生……」

織田さんは、保育器の中にいる他の子猫を見た後で、私にか細く声をかけた。

「は……はい」

「前にお話してくれはったでしょう。なんで、犬や猫は一匹ではなく、三匹、四匹て、たくさん子供を産むかって。ミルクの発作の原因が何かて話した時にね。産まれた子、ぜーんぶ、ちゃんと育った方がいいけど、そうじゃない子もいるから、それで保険のために産むんやて」

「その話、しましたね」

織田さんは、唇の端をきっと結んで一瞬、口ごもったが、意を決したように私を見据え、はっきりした口調で言った。

「ね、もうこの小さい子に何もせんといて……」

「え……?」

「この子が産まれても、先生が手を貸せへんかったら生きてへんのでしょう。野良で外で産まれたり、自然界やったら、生きていけへんのでしょう。……そこまでして生かしておかんとあかんの……先生!」

「いのちやから、生命はあるから、生きたがっているから、ね。こうやって心臓マッサージしたら、動きますよ」

「せやけど、ミルクみたいに産まれた時から何回も発作起こして、毎日、毎日、薬を飲んで、最期はあんなに苦しんで……。それって幸せやったんやろか……。体を引きつらせて、のけぞって口から泡吹いいて、注射してもらって、それでも幸せやったんやろか……」

「まだ、後遺症があるって決まったワケじゃないですから……」

「でも、先生、ミルクみたいにならないとも言えへんのでしょう。だから自然にまかせて、自然に、ねぇ先生」

どうしよう、私は迷った。だが、織田さんの指示通りにすることにした。心臓マッサージをやめ、この小さな子猫をそっと保育器に入れた。他の兄弟は、手足をゆっくり動かしている。だが、小さな子の腹は動かなくなり、電池の切れた豆電球のように体全体からすーっと命の灯が引いていった。

臨床の経験を積めば積むほど、獣医師が動物にできることはたいしてないのではないかと思うようになる。せいぜい、飼い主と一緒に動物の病気を治す手伝いをするぐらいなのではないか。

愛猫、愛犬の病気を本当に治すことができるのは、飼い主次第だという思いが強くなってくる。いつもそばにいる飼い主が、病気で苦しんでいる動物たちのサインをまず見つける。飼い主からそれを聞き、専門家として「それがどんなことを人間に伝えているのか」を判断する。だから、飼い主との共同作業なのではないかと思うのだ。早く見つければ、早く対処できる。軽いうちに手当てすれば、完治させることもできる。

だが、対処が遅れ、それが難治性の病気だと、飼い主が不信感を持つこともある。はっきりと非難を浴びせられることだってある。その時は、少し感情的になりそうな自分に「冷静に冷静に」と諭しながら、私の思いを治療方針を、いまの獣医学の現状を話す。

そうすれば、飼い主と連帯感が生まれる。絆と呼んでもいいのかもしれない。心と心の触れあい、いや魂と魂との触れあいがあって、その向こうに信頼関係、絆が結ばれるように思う。

だが、それはほんわかとしたものではない。最初は血がついて尖っているようにさえ感じることもある。治療を続けるなかで、だんだんと角が取れてまろやかになっていくのだけれど。そうなると飼い主が、愛犬の愛猫の日々のようすを物語ってくれるのだ。

織田さんは、私との信頼関係があるからこそ、「もう、何もせんといて」と言ったのだと思う。動物の命を救う獣医師の私のしたことが正しいのか、その後もずっと考え続けている。

すべての命には意味があるはずだ。だとしたら、あの小さな子は何のために生まれてきたのか、いまだに問うことがある。正しい答えは、まだわからない。あるいは、考え続けることが答えなのかもしれない。私は、帝王切開で生まれた小さな子のことを、一生考えて続けていこうと思う。

犬の口コミで病院が繁盛!?

●背中に感じる彼の視線

忙中閑あり。診察室の奥のデスクに座って本を読むことにした。雑誌の連載やメルマガの記事、エッセイなどのネタさがしでもあるが、半分は勉強のためだ。「よい文章を読むことが文章力の上達につながる」と、ある編集者から言われて以来、私は時間を見つけては本を読むことにしている。

私が机に向かって本を読み始めると、当面は開店休業。したがって、スタッフもゆったりとカルテの整理やら器具の消毒やらをしている。

時間にして数分、二、三ページほど読んだときだ。背中に視線を感じた。

獣医師になってから数年後、不思議なことに人間はもちろん、とくに動物の視線に敏感になった。とにかく、どこからか何かがこちらを見ていると感じる。「何や?」と思って見回すと、猫や鳩がこっちを見ていたりする。

「先生、彼、来てますよ」

スタッフが言った。やっぱり、彼が来ていたのか。振り向いて入り口を見ると、ドアガラスの向こうで、入りたそうにソワソワしている。澄んだ瞳は私から離れない。疲れも忘れて立ち上がり、迎えにいく。

「今日も来たの？　入る？」

そういうと、スタッフがドアを開けた。やっと通れるほどの隙間が開くのももどかしそうに、待合室に飛び込んできた。

彼が私に飛び付くのと同時に、オッチャンが待合室入ってきた。

「先生、こんにちは！」

「もう、プリンちゃん、先に来られてますよ」

「いやー、もう一目散ですわ。脇目も振らずっちゅう感じでっしゃろか」

そう、彼の名はプリン。シーズーなのだ。まねき猫ホスピタルは、プリンの散歩コースの途中にある。通りがかると、かならず寄り道する。病院の入っているビルに入ってリードをはずしてもらうと、ダッシュで入り口の前にやってくる。そして、スタッフや私がドアを開けるのを待っているというわけだ。

「病院好きやなんて、こんな犬いまっか？　たいがい外で踏張ってまっせ」

飼い主の尾内さんは、抱っこしたプリンの顔を不思議そうにのぞく。

大半の犬は（猫も）、注射されたり傷の治療をしたりと、病院で痛い目にあっている。そうでなくても、体を拘束されてあっちこち触られる。他の動物の匂いと薬の匂いがして、治療中の「キャンキャン」とか「ギャアギャア」いう鳴き声も聞こえてくる。そういう意味で、病院は彼らにとって「怖い場所」なのだ。

中には、病院の半径数十メートルに入っただけで、座ったり伏せたりして頑として動かなくなる子もいる。ドライブしていても、車が病院の駐車場に入るとパニックになったという話も聞いた。

プリンの場合も、無条件で病院が好きというわけではない。自分で入るのは待合室までで、診察室には一歩も入らない。何か身に危険が及ぶということがわかっているようだ。それでも、私の顔を見ればシッポをブリブリとちぎれんばかりに振ってくれる。

●小さな体で家と仲間を守る

こんなにフレンドリーなプリンだが、実は私は彼の意外な一面を、つい数か月前に知った。プリンの家にはもう一匹、老齢のマリがいた。元気な頃は、二匹そろって診察に来ていたのだが、マリがガンになり末期には自力で立てなくなってしまった。動かすと呼吸が乱れ、舌はチアノーゼを起こして紫色になってしまう。幸い、彼らの家がすぐ近所だったので、私は診察の合間を見て往診することにしたのだ。

初めて訪問したとき、ドアのノブに触るか触らないかという瞬間、家の中で犬がダッシュして玄関に突進する音が聞こえた。続けて、ものすごい吠え声。

「マリは立てなくなったと言っていたから、この声はプリン？　まさか、あのフレンドリーなプリンが、こんなに吠えるん？」

ドアを開けるのをためらっていたら、尾内さんが開けてくれた。その向こうにいたのは、まぎれもなくプリンだった。「ワンワン」ではない。字で書くと「ワッシッワッシッ」といった感じで、吠えるたびに体が五センチほど浮き上がるような勢いだ。

「ヒェーッ！」

獣医師という職業柄、犬に吠えられるのはなんともないのだが、病院でのおとなしさと家での勢いの差に、思わずしゃっくりのような悲鳴を上げた。

「プリン、先生やがな。大丈夫や。あっちに行っとき」

そう言われて廊下の奥に下がったものの、胡蝶蘭の大きな鉢の向こうからじっと私を見張っている。シッポをほぼ直立してピーンと緊張させ、イライラという感じで絶え間なく振っている。「アグゥ」という唸り声に、時折「ゥワフッ」という吠え声が入る。

シーズーは垂れ耳で、顔にワサワサの毛がある鼻ぺちゃなのでよくわからないが、耳は緊張して鼻にはシワが寄り、歯もむき出しているはずだ。動物行動的に分析すると、プリンはこう言っていることになる。

「怪しいやっちゃな！　ちょっとおっとろしいけど、ここではボクが一番や！　ええかげんにせんと、いてまうど」

プリンは、ええとこのボンなので、こうしたおだやかな言葉になるが、バリバリの大阪弁では、もっと迫力のある訳語になるだろう。

「ええかげんにせぇよ、こるぁあ。われ、ナンボのもんじゃい。しばきたおすど！」

とにかく、彼は自分のテリトリー＝家を守ろうとしているらしい。尾内さんの話によると、マリの具合が悪くなってからとくに吠え方がきつくなったという。

かつて、犬同士の間では、マリが上位だった。番犬として、まず侵入者に立ち向かうのはマリだったのだ。だけどマリは具合が悪いので、自分が代わりに踏張らなければと思っているのだ。マリの治療をしている間、プリンは部屋の外にいたが、私は視線とピリピリに張り詰めた緊張感を首筋から背中に感じていた。

元気のないマリを思いやり、プリンは小さな体で精一杯に働いている。マリに点滴を打ち、皮膚にできた腫瘍の処置をしながら、家と仲間を守ろうとしている犬という生きもののやさしさと一途さに心が打たれた。

マリが亡くなった後、プリンは一時的に落ち込んだが、また家の中では忠実かつ勇敢な番犬としての役目を果たしている。尾内家のセキュリティは、万全である。

よく、「番犬として飼っているから、犬は外に」という人がいる。だが、本当にそうだろうか。飼い主の家族から隔離・疎外されて退屈していれば、何かをくれたりかまってくれるなら、たとえ相手が侵入者でも喜んでしまうかもしれない。実際、通行人から何の疑いもなく食べ物をもらう犬もいる。毒入りの餌を食べさせられて殺されるという、痛ましい事件もときどき起きている。

警戒心の強い犬の場合は、逆に何にでも吠えてしまう。家のまわりや庭を含めた敷地をテリトリーと感じている犬は、家の前を通る人にも吠えるようになる。たとえ一軒家でも、都会では迷惑だ。何よりも、外につないで飼われている犬が、侵入者に対して何ができるのだろう。犬が吠えただけでは、おまわりさんも警備会社もやっては来ない。

怪しいヤツが敷地に入れば、それだけでプリンは吠える。夜中なら、家族はそれで目をさます。元泥棒の防犯コンサルタントによると、吠えられると侵入をあきらめることが多いという。また、たとえ小型犬でも、牙を剥いて吠えている様子はけっこう威圧感がある。防犯の役目は、プリンのように家のなかにいてこそ果たせるのだ。

●「あかんたれ」は理想の犬?

とにかく、そんな勇敢なプリンなのだが、家を一歩出たとたんに、フレンドリーになる。私にだけではない。散歩中は、誰に対してもそうなのだという。

「お散歩のときもフレンドリーなんですか」

「そうですねん。散歩で会う近所の人がいてますのやけど、回覧板持って来はったときにプリンがものすごい勢いで吠えます。先生の往診のときも飛び掛からんばかりの勢いやったけど、病院ではこうですからなぁ」

「他のワンちゃんにはどうです?」

「う〜ん、よその犬が家に来たことはないからよぅわからんけど、外では見向きもしませんな」

「内弁慶なんですね」

「内弁慶? ほな、この子、あかんたれちゅうことですか?」

「あかんたれ」とは、弱虫とか日和見するヤツという意味だ。家の中では強気だが、外に出ると人にはフレンドリーで犬には無関心のプリンは、内弁慶よりも、この大阪の言葉の方がしっくりきそうである。

「でもね、尾内さん、最近はそういうワンちゃんの方がええみたいですよ」

「なんでですの?」

「一〇年前に比べたら、日本全国でワンちゃん飼うてる人が倍になってるんです。散歩ですれ違う数が増えて、吠えかかったり喧嘩になったりいうトラブルも増えるようになってますから。プリンちゃんみたいな性格の方がええんやないですかね」

犬を飼う人が増えたとは言っても、マナーが格段に向上したわけではない。しつけもちゃんとできない飼い主も多い。ウンチを拾っていかない、門や塀や花壇にオシッコをさせる、リードをはずして勝手に歩かせる（放し飼い）といったことによるトラブルは相変わらずだ。

「そういえば、こないだ、メスの犬にいっしょけんめーに乗っかかろうとしよるのもいましたなぁ。引き離すのに往生してましたわ」

「それも問題ですね。ホンマやったら、発情してる女の子は散歩させないようにするんです。私たちは気がつきませんけど、犬は嗅覚が発達してるでしょう。男の子は、その匂いで発情して、いきなりダッシュですわ」

ラブラドールやゴールデンなどの大型犬だと、引っ張られたはずみに転んで大怪我をすることもある。もし交尾してしまったら、犬は確実に妊娠するので、生まれた子犬の世話も考えなければならない。たとえ交尾しなくても、刺激されたオス犬はしばらく「ウォ～ン」「ワオ～ン」と物悲しげな遠吠えをすることになる。

「それも困るやろけど、他の犬にいっこも見向きせんちゅうのは、犬らしゅうないんと違いますか?」

「それを防ぐために、わざわざ去勢したり避妊手術しはる飼い主さんもいてますからね。人には社交的で犬には無関心ていうのは、現代のワンちゃんとしては理想的かもしれませんよ」

「そうですかぁ。お前、理想的かもしれんねんて……」

尾内さんは、「理想的」とほめられたことがうれしいらしく、目を細めてプリンの首筋をなでていた。

●新しい仲間をつれてきたプリン

翌月、診察室のパソコンに向かっていたら、また背中に視線を感じた。経験豊かな私の背中は、「プリンやな」と確信した。

だが、どうも様子がおかしい。視線の数が多い……のではない。そこまで気づいたら超能力者だ。ワシッワシッというプリンの声とともに、キャンキャンという子犬の声がしたからだ。

振り向くと、ドアの向こうにプリンを中心にして三匹のシーズーの子犬が団子になっている。子犬たちは尾内さんが持つリードにつながれていた。スタッフがドアを開けてやると、プリンを先頭に待合室に駆け込んで来る。子犬たちは、待合室だろうが診察室だろうがおかまいなく駆け回ろうとするが、プリンはひとり静かに待合室に座っている。

「今日は、三匹の子犬のワクチン注射お願いします。せやけど先生、えらいもんだっせ。プリンがここに来るのが好きやから、この子らもついてきますがな。病院が好きな子なんておりませんやろ」

「少ないですね」

「わし、むつかしいことはようわからへんけど、こんだけプリンが来たがるのは、なんかわけがおますんやろな」

「そうですね。なんでなのか、犬の言葉がわかるように勉強します」

「そうでんな。先生にもっとわかってもらわんと」

一匹ずつ診察台に乗せ、体重と体温を計ってから首筋にワクチンを接種した。子犬たちは針が刺さると、小さく「キュン」と鳴く。

プリンを先頭にして、尾内さんと子犬たちは帰っていった。注射の痛みがトラウマになって、次からはプリンが病院に入ろうとしても子犬たちは来たがらなくなるのではないかと心配になった。

だが、数日後に彼らはやってきた。今度は前回よりお行儀よく、ドアを開けるとまずプリンが入り、子犬たちはその後ろに続いて入る。マリ亡き後、プリンは犬のリーダーとして子犬たちに犬の掟をきちんと教えているようだ。

注射にしても手術にしても、苦い薬を飲ませるにしても、犬や猫のためにやっている。私がいくらそう思っていても、彼らにしてみれば病院なんて「勘弁してぇな」。まして遊びに来るなんて……という場所のはずだ。

なのになぜ病院が好きなのか。犬には犬の理論が、プリンにはプリンなりの考えがあって遊びに来てくれるのだろう。そして、子犬たちはそれに従っているのだろう。

やはり、犬の言葉を勉強して、プリンに「あそこの病院ええで」と広めてもらわないと。

オバチャンのしゃべくりに見る問診の技術とは？

●大阪の動物病院に話の花が咲く

まねき猫ホスピタルは、スタッフが全員女性。家族連れにとっては来院しやすいらしい。オッチャンは、スタッフと話をするのが楽しみなのかもしれない。奥さんだけで来ているお宅でも、休日わざわざ一緒に来るオッチャンもいる。だから、診察している動物の数に比べて、来院する飼い主さんの数の方が多くなるのだ。

当然、たくさんの飼い主が集まる待合室は、井戸端のようになる。飼っている動物の話題はもちろん、気候や景気のこと、はてはご近所の噂話から政治・国際問題まで。「動物病院政談」や「動物病院奥様ワイドショー」といった趣きになる。

東京の山の手で開業している友人の動物病院では、予約制にしているそうだ。また、飼い主が待ち時間を問い合わせたりしてから来院する病院もあるという。そのため、待合室に動物と飼い主がひしめき合ってということはないらしい。また、待合室に先客が数組いると、外で待っているという病院もある。待合室でも、大阪の動物病院のように、誰かれに話しかけたりしないらしい。自分の愛犬、愛猫とは語り合うぐらい。他の飼い主と話しても、「かわいいワンちゃんですね」とか「お先に」「お大事に」といった挨拶程度の会話だ。必然的に、診察室は静かだと聞く。大阪の、私の病院のように、よその人同士で話に花が咲いたり、よそのペットたちにチャチャを入れたりしてかまうことは少ないのだそうだ。

さて、ここに登場する酒井さんは、大阪の動物病院のフレンドリーな飼い主の典型。寒い日が続く一月のある日、猫を連れてきた。彼女は、犬を一匹、猫を数頭飼っている。いわゆる多頭飼いの人だ。

ご主人が家に隣接して会社を経営されている。その倉庫に、猫が入れ替わり立ち替わり入ってきては子どもを産むらしい。

動物が大好きな酒井さんは、そのたびに里親を探して落ち着き先を見つけてやるが、どうしても引き取り手がない子猫、元気がない子猫は自分で飼う。そのため、増える一方なのだという。それだけに、犬と猫の飼い方には一家言ある。

「先生、なんかこの子おかしいんですわ。なんか、いつもとちゃうの」

飼い主がよく言う、この「なんかおかしい」とか「なんか元気がない」「いつもとちゃう」という言葉。飼い主さんは獣医師ではないので、理論的・医学的に動物を見ているわけではない。だが、実はきわめて大事なことなのだ。

飼い主は、常に飼っている動物と暮らしている。普段の歩き方、健康なときの食欲やオシッコ、ウンチの具合。目の輝きや耳の動きなど、ちょっとしたしぐさの違いに気づく。それが「なんかおかしい」「いつもとちゃう」という言い方になる。

ところが、歩くときにどれか一本の足のつき方がちょっとヒョコッとしていることが、実は関節炎の兆候だったりする。鼻汁の量やくしゃみの回数が多いことに気づいて連れてきたら、呼吸器系の病気が見つかることもある。耳の臭いや口の臭いの違いから、皮膚病や腫瘍を早期発見できたこともあった。

なんとなく感覚的で漠然としているように聞こえるのだが、そこに診療に欠かせない情報が隠れている。後は、具体的な内容を、私たち獣医師が飼い主への問診によって掘り出していかなければならない。

●膀胱炎の治療でずぶ濡れに

それには、飼い主の家の暮らしなどの背景情報が欠かせない。住居はマンションか一戸建か、室内飼いか外飼いか、一匹か多頭飼いか、フードの種類や内容、さらには家族構成まで。その点、大阪人らしく話し好きな酒井さんのような飼い主は、よほどプライベートなことでないかぎりはフランクに話してくれるからありがたい。

「食欲はどうですか?」

肛門に体温計を入れて、直腸体温を計りながら酒井さんに質問する。

「少ししか食べませんねん。大好きなオモチャ出しても遊ばへんし……」

長いこと臨床獣医師をしていると、勘というものが働く。季節は冬、元気がない。体温計を引き抜くと、三九度。やや高い。私は、ゆっくりと優しく猫の下腹部を触ってみた。そこには、石のように硬くなった膀胱があった。おそらく膀胱炎だろう。

「オシッコは出てますか？」

「うちとこ、ぎょうさん猫いてまっしゃろ。どの子ぉがオシッコしてて、どの子ぉがしてへんかなんて、ようわかりませんねん。ウンコちゃんもどれがどの子ぉのやら……」

大阪の五十代より上のオバチャンは、なんにでも「ちゃん」をつけるクセがある。それはともかく、酒井さんからはオシッコの回数や量、色などの情報がもらえないことははっきりした。けれど、この下腹部の状態からは、泌尿器症候群、それも膀胱炎という診断でほぼ間違いない。

泌尿器症候群というのは、尿路感染症、膀胱炎や尿道・膀胱結石などの総称。症状としては、オシッコに血が混じったりオシッコが出にくくなったりすることが多い。出にくくなるので、頻繁にトイレに行くようになる。あるいは、少しずつしかしなくなる。犬より猫に多く、猫は冬場にかかりやすい。

夏場だと暑いので頻繁に水を飲み、オシッコも出す。ところが、冬はあまり喉が乾かないので水も飲まなくなる。さらに、トイレが寒いところにあると、寒がりの猫はそこに行きたがらなくなる。室内飼いしていて、外出時にしたりする猫は、寒くて外に出たがらないでオシッコの回数が減ったり我慢したりすることでも膀胱炎になることがある。多頭飼いの場合は季節に関係なく、他の猫との力関係でトイレを使えないためにオシッコを我慢して膀胱炎になることもある。新入りの猫が前からいる猫にいじめられて、あるいは前からいる猫が新入りの猫が来たことによる環境の変化で、トイレの習慣が変わって起きることもある。

血液検査の結果、やはり血中尿素窒素やクレアチン、カリウム、リンの値が高かった。異常とまではいかないのだが、明らかに尿の排泄障害を起こしている。それと、やや脱水ぎみであることもわかった。

「酒井さん、この子、オシッコ出てないんですよ。一日以上出せへんかったらな、危ないんですよ。尿閉になって、命にかかわりますから！　ほら、ここ触ってみてください」

さっき私が触診した部分を、酒井さんにも触ってもらった。

「ほんまや。えらい硬うなってるわ。うち、まったく気ぃつきませんでしたわ」

酒井さんは、そう言って、申し訳なさそうに猫の腹を撫でていた。

「まず、オシッコを出させなりませんから、尿道に管を通して出させます。血液検査の結果では膀胱炎と小さい結石ができてるだけやと思いますけど、念のために尿検査もしましょうか？」

尿のたんぱくや比重、潜血反応をチェックすることにより、膀胱や腎臓の状態がチェックできる。単なる膀胱炎ではないかもしれない場合を考えてのことなのだが、けっこうお金がかかるので、いちおう酒井さんに確認した。

「先生、よろしゅう頼みますわ。わてら、この子のお腹を撫でてもなんにもわからしまへんさかい」

「健康な猫ちゃんやったら、もっとプニプニしてますから。これも毎日触っていると、けっこうわかるようになるもんですよ」

そうなのだ。ふだん健康なときに、体のあちこちを撫でながら触っておくと、膀胱が腫れていたりしこりがあったりしてもすぐにわかるようになる。ただ、酒井さんのように多頭飼いの場合は、全部の子を毎日撫でるというわけにはいかないだろうが。

「そうでっか。ほな、これからできるだけそうします。でも、元気がない理由がわかったんで、やれやれですわ」

酒井さんの顔が、急に明るくなった。これで私の役目は終わったし、預けて帰ろうという雰囲気だ。飼い主さんとは不思議なもので、何が原因で元気がないのか、おかしいのはなぜなのか、その理由がわかれば一安心するらしい。あとは獣医師に任せておけば治ると思っているようだ。

預けられた私は、この子の詰まっている尿道にカテーテルを入れてオシッコを出し、元気にしてあげないといけない。今晩だけなのだが、フードは何を食べさせているのか確認しようと思って、あることに思い当たった。

「最近、フード変えられました？」

「先生、ようわかりますなぁ。占いでも勉強してはるんですか。いや実はな、先だって近くの店で安売りしてましてん。それを買ぅたんですわ。そういうたら、それから調子悪いかもしれません」

ドライフードは、基本的に水分がゼロ。缶詰や半生タイプと違って、新鮮な水をいつでも好きなだけ飲めるようにしておかなければならない。そうしないと、結石ができやすくなる。また、フードによっては、ミネラル分を多量に含むものがある。それが、腎臓に負担をかけることもあるのだ。

「この病気は、ドライフードを変えたりするとなることが多いんですよ。もう、そのフードあげるのやめて、前と同じものにしてくださいね。この子がとくに体質が合わなかったのかもしれませんけど、他の子の分も前のに戻したほうがええ思いますよ」

「わかりました、そうしますわ。ほな、頼みまっさ。あんじょう診たってください。ええ子にしているんやで」

酒井さんは、猫のあごをかいてやってから診察室を後にした
私は、スタッフとともに猫のペニスに局所麻酔をしたり、採血をしたりしていた。尿道に結石がたまっているので、カテーテルがそこまでしか入らない。カテーテルを通して生理食塩水

を入れてフラッシュして押し込んでみる。先が詰まっているから、当然のことながら私の顔には生理食塩水やら尿やらが飛んで来る。

猫は猫で、お腹が苦しいし、ペニスに無理やりカテーテルを突っ込まれているから嫌がる。麻酔がきいているので痛くはないはずだが、生理食塩水を送り込むポンプの音はするわ、飼い主の姿は見えないわ、みんなが寄ってたかって押さえるわで不安なのだろう。エリザベスカラーをつけてスタッフが保定しているが、逃げようとする。

なんとかカテーテルを装着して、やっとのことで膿盆に真っ赤なオシッコが出てきた。やれやれだ。一心不乱だったのだが、こうして落ち着くと手術着が血の混じったオシッコと生理食塩水とでビショビショだ。でも、これをみれば、ひとつの達成感を味わえる。

後は尿検査をして点滴をし、入院用のケージで休ませる。

●そんだけしゃべれば時間もなくなる……けど

スタッフに手を借りて手術着を脱ぎ、一息つく。処置室に静寂が訪れた……と、何やら待合室がうるさい。

「あんた、どうしたんかいな。わっかいなぁ。年なんぼ？」

あの声は、だいぶん前に帰ったはずの酒井さん。まだ待合室にいるのだ。私が悪戦苦闘していた間、ずっといたのだ。愛猫を預けてひと安心したので、病院にやってきた猫や犬や飼い主に話しかけているのだった。

「まだ二ヵ月です」

どこかの飼い主が答えている。

「そうやなぁ〜。まだ小さいなぁ〜。こんな小さいんのに、病気しますの！」

「いや、あの……ワクチンを打ってもらお、思うて……」

「そうやな、ちゃんと打たなあきまへんからな。あら、あんたはどないしはったん？」

酒井さんの問診は、次の飼い主に移ったようだ。

「えらいなぁ、賢いなぁ。じっと待ってんの」

どうも犬に向って話しかけているようだ。酒井さんに、「オシッコが出ましたよ」と教えてあげようと、診察室から待合室をのぞいた。今度は、キャリーケースの中の猫に関心が移ったようだ。座った膝の上にケースを置いた飼い主に質問をしている。

「オタクはどうしはりましてん？」

「なんか、この子、元気がないでんすわ」

「どうしたん、しんどいんか？　オシッコ出てるんでっか？」

「出てるんですけど、少ないんですわ」

「ひょっとしたら、うちの子ぉと同じかもしれまへんね。うっとこ、いま預けてきたところなんですわ。点滴してもらってますねん」

酒井さん、点滴だけやないで。カテーテル入れて導尿もしたんやで。

「ああ、そうなんですか。心配ですなぁ」

「いや、先生に診てもらって治してもらえますから、一安心ですわ。ところで、食べもん変えたりしはりませんでしたか」

ま、こんだけ信頼してくれてはるのは有り難いなぁ。でも、それさっき私が言うた、そのまんまや。

「いいえぇ、ずっと同じもの食べさせてますのやけど……」

そっかぁ、同じもんで変わったとすれば、そのフード自体か、それとも水やろか。もしかしたらミネラルウォーター飲ませてるのかもしらんなぁ。それにしても、酒井さんと話してる人、ポツポツとしか話しはらへんなぁ。診察のときは、ひとつひとつゆっくり聞いてあげんと、三つも四つも一度に聞いたら答えられんかも……。

「そうでっか。いやね、うちのところは変えたら元気のうなりましてな……」

酒井さんは、まだ話したそうだったが、私と目が合って話すのをやめた。

「猫ちゃん、真っ赤なオシッコ出しましたので。後は、検査してお薬を飲ませて休ませますから」

「ありがとうございます」

そこで、酒井さんが話しかけていた飼い主さんに目が行った。まねき猫ホスピタルでは初めて見る人だった。だが、この病院に来るのは初めてでも、飼い主同士はご近所付き合いをしているということはあるものだ。

「酒井さんの知り合いの方ですか？」

「いや、そんなことないですよ。いま、ここで会うたばかりですわ。猫ちゃんがあんまり可愛い顔してるので、ちょっと聞いてみただけですわ」

おしゃべり好きな飼い主で、獣医師として最も困るのが、待合室で自己流の診断をしてしまう人だ。ただでさえ不安になっている人に、さらに心配な要素を付け加えてしまうこともある。あるいは、きちんとした診断をする前から、先入観を与えてしまう。

動物の診察は、飼い主やその家族の人となりや暮らしなども大事な要素になる。犬や猫のように、常にそばにいる動物の場合は、とくにそうだ。たとえば、「酒井さんはいつもそばにいるけれど、多頭飼いだからオシッコやウンチの状態を見極めるのが難しい」といった情報である。それがわかってはじめて犬や猫なりの病気の程度がわかったりする。

その点、酒井さんは本当に動物が好きで、心底世話焼きなオバチャンである。相手に対する先入観もなければ、病気の知識をひけらかすわけでもなく、純粋に相手のことを思って聞いている。しかも、大阪のオバチャンらしく、いいところに突っ込みを入れてくれている。この飼い主との会話を聞いているだけで、その人となりが浮き彫りにされてくるようだ。

「猫ちゃんですか？　どうされました？」

酒井さんと話していた女性を診察室に迎え入れた。それを潮に、酒井さんも立ち上がって帰ろうとした。その背中に声をかけた。

「酒井さん、明日は一〇時前に迎えに来てくださいね」

「ほな、よろしゅうに。あかん、もうこんな時間や。えらいこっちゃ、どないしょ。晩ご飯の買い物もせんならんし、ワンちゃんと猫ちゃんのご飯も用意せんと。ほんま、なんでこんなに忙しいんやろ」

猫を預かってから一時間強。あれだけしゃべくっていたら、そら時間もなくなるわ。でも、オバチャンのしゃべくりの技術は、私も学ばんといかんなぁ。

節分の日に思う、この一年と次の一年

●共に暮らすことで生まれる悩み

如月《きさらぎ》は陰暦で二月のこと。二月に入るとすぐに節分。その翌日は立春で、暦の上では春なのだが、実際は一年の中で一番寒い季節である。

動物病院では、この時期恒例の会話がある。まず、ゴホンゴホンと、誰かの咳。

「風邪ひいてんの」

「そうなんですよ。なんか止まらんのです」

「私のそばで、咳せんといてよ」

「先生の近くでするつもりはありませんけど、なんか出てしまうんですよ」

「私は咳製造機か？　とにかくうつさんといてや」

こんな会話をしていると、飼い主がくしゃみをしながらやってくる。

「ハクション！　失礼。寒ぅなりましたな。先生、風邪はひいてはりませんか」

「おかげさまで。村田さん、鼻声ですなぁ?」

「そうですねん。でもボクのは風邪ではのうてインフルエンザなんですわ」

「外を出歩いて大丈夫ですの?」

「もう、熱おませんから、うつりませんで。熱のある時にそばにおったらあかんのですわ。病院で、熱のあるうちは出歩くなて、きつう言われてましたから。いまは大丈夫ですよ。これでも先生のこと考えてますから。そんな時は、ちょろちょろしまへん」

「それは、どうも。インフルエンザやったら、たいへんでしたね」

「いや、家の中でじっとしているのも目先が変わってなかなかええもんでした。ミーとずっと一緒にいれましたから、嬉しゅうて嬉しゅうて」

村田さんは、よく話す飼い主だ。まねき猫ホスピタルが女性スタッフばかりだからなのか、時間のある時は中年のおじさんが来てやたらと話し込むことがあるが、そのなかでも一、二を争う話し好き。話の端を折るのは悪いので、私は聞きながらミーの診察を始めていた。体温を計って、目や耳を覗き、口の粘膜を調べる。村田さんは話し続ける。

「人間の病院は一杯ですなぁ。そらもぉすごいでっせ。あっちゃでもこっちゃでもインフルエンザですわ。学級閉鎖とかも出てきているらしいし。内科に行くだけでうつるんと違うか、という感じで」

「そんなにですか」

「そうですがな。ミーも僕と同じ症状なんですわ。クシャミをして、目ぇショボショボさせて、食欲も落ちているんですよ。ボクのインフルエンザがうつったんでしょうな。先生、どうしましょう」

自分の風邪やインフルエンザが、飼っている犬や猫にうつったのではないかというのが、如月の時期には多い。

ちょっと前なら、犬は外につながれて飼われていた。猫は外に出て、食事をする時だけフラッと帰ってきていた。だから、飼うというより、なんとなく家のまわりにうろうろしているような感じ。それが昔の猫だった。

いつの頃からか、ペットという言葉に代わって「コンパニオンアニマル」という言葉が使われ始めた。犬や猫の置かれている立場が、愛玩動物＝ペットという言葉で表しきれないようになってきたからだろう。コンパニオンアニマルとは伴侶動物。つまり人間とともに生き、暮らす生き物、一緒に生きていく生き物という意味があるのだ。

そうなると、猫は勝手に外に出て何日も帰ってこない、犬は外につないでおいて触れ合うのはエサと水をやるときと散歩のときだけ、という飼い方はそぐわない。まねき猫ホスピタルに来る犬や猫のほとんどは、室内飼いだ。

日本の住宅は、畳敷きが多かった。そういう住環境では、動物が走り回って粗相したりすると掃除をするのがたいへんだ。畳の目に毛がつまったり、足の裏についてきた土や砂も拭き取るのに苦労する。衛生的に、動物と暮らすことは難しかった。ところが、住宅が西洋化されると、室内でも飼いやすくなった。守口市でも、フローリングの床が増えてきているという。

もちろんそれだけではない。ストレスが多い社会で暮らしていると、癒しが欲しいと感じるようになってきているのだろう。フカフカとした毛が生えて温かそうな犬や猫を見て、理屈ではなく、現代人も「何か」を感じ出したのだ。こんな愛らしくて、意志が通じて、わかりあえる存在を外に置いておくのは、もったいないと思いはじめたのだろう。いまでは、室内で動物を飼うのになんの抵抗もなくなってきているようだ。

最近の犬や猫は、室内にいて、飼い主と同じ空気を吸い同じ空間で生活するようになってきた。共に生活して密着型の関係が強くなってくると、飼い主にもいろいろと悩みが出てくる。人間の病気が飼っている動物にうつるのではないか。飼っている動物の病気が、飼い主にうつるのではないかというのも、そのひとつ。

●ほったらかすより過保護がマシや

風邪かもしれないというので、呼吸器の状態を調べるためにミーの胸に聴診器を当てて聞いてみる。ところが、村田さんのおしゃべりが止まらない。

「村田さん、いまミーちゃんの心音を聞いてますから、ちょと待ってくださいね」

人間と違って、聴診器を当てているからといって猫はじっとしてはくれない。診察台の上からそろりそろりと逃げ出そうとするのを左手で押さえ、右手で聴診器を当てる。体を押さえて保定を手伝ってくれるはずの村田さんは、しゃべるほうに忙しい。そのうえに、クシャミをしたり咳をしたりするので、よく心音が聞き取れない。

私が耳を貸さず、眉間にシワを寄せて心音に集中しているのを、村田さんは勘違いしたらしい。大きな声で、いきなりミーちゃんに話しかけた。

「ミー、死なんといてやー。死んでもうたら、ボクの相手してくれる人おらんようになるやないか」

さらに、ミーちゃんの体をなでまわしだした。体温も粘膜も正常だし、なんとか聞いたかぎりではゼェゼエとかゴロゴロという音はしていなかった。

村田さんは、ミーちゃんの世話をきちんとしている、まめな人なのである。家族の人がかまってくれないので、よけいにミーちゃんのことを相手して時間をつぶしているのかもしれない。ただ、あまりに犬や猫との生活の密度が濃くなると、ついつい擬人化してしまいがちになる。「ボクも寒いから××ちゃんも寒いやろ」と、暖房をガンガンかけてしまう。「飼い主だけステーキ食べてて、キミはドッグフードやなんてかわいそうや」と言って、塩胡椒した肉を食べさせてしまう。

そういった弊害もある反面、くしゃみをしたりお腹をこわしたりしたときに自分のことに置き換えて考えてくれるのはいいことだ。反対に、ほったらかしにしていて、「なんで、こんなんなるまで放っておくの」という飼い主に比べれば、ずっといい。

獣医師の側からすれば、村田さんのようにしてくれる飼い主の方が助かる。早期発見だと治りやすく、治療費もかさまないので、お互い助かるのだ。

「村田さん、そう泣きはらんでも」

私は冗談めかして言った。

「泣いてなんかいてませんで。ミーと戯れていただけで。なぁミー」

私は、こういう会話がけっこう好きだ。まねき猫に来てもうすぐ一年になる松田先生と同様、新米獣医師の頃の私は、飼い主と会話を楽しむような余裕はなかった。ただ、目の前にいる動物を診るだけで精一杯。村田さんの話を聞き流すのではなく、耳に入らなかった。

だが、開業獣医は犬や猫に聴診器を当てているだけではダメなのだ。飼い主が、どんなことを要求してどんな風に治療をしてほしいか、具体的に知らないと診療はできない。そのためには、こうした会話で飼い主との意思の疎通をはかることが大事なのだ。

そのうえで、こんな症例やから、こんな治療法がありますよ、それともこういうほうがいいですかねと、いろんな案を出すこともできる。ムダ話は、治療には不要と思えるけれど、いわば遠まわしのインフォームド・コンセントになっているのかもしれない。

「人間のインフルエンザは、猫にはうつりませんから安心してください。猫の風邪は猫同士ですから。ミーちゃん、ただの鼻炎ですね。ワクチン接種もちゃんとしてはるから大丈夫やと思いますけど、気をつけてください。外に出ているでしょう」

「ようわかりますな」

「外でインフルエンザの猫に会うとうつることがあるんですわ。外に出て夜遊びとかして帰ってきて、寝込んで熱が出るんですよ。インフルエンザが流行り始めると、新聞なんかに特集記事を組むやないですか。うがい、手洗い、休養と。そして、人ゴミは避けましょうって」

「いいまんな」

「あれは、人の咳やらクシャミでウイルスが飛んで電車のつり革、ドアなどに着いていることがあるからなんですね。どうかすると五メートルも離れとる人がクシャミしても、届きますから。泡沫《ほうまつ》感染というやつですよ。満員電車に乗ったり雑踏に行ったりすると風邪にかかりやすくなるのは、そのためなんですよ」

いくら雑談が大事といっても、そればっかりではダメである。ときには、こうしてまじめな医学的な話も必要だ。そして、ときどき専門用語を交えることによって、飼い主は病気のことや治療に関する知識を吸収する。

「インフルエンザが流行し始めると、そういうニュースよう目にしますな」

「寒い時期に、風邪のような症状の病気が猫にも人間にも流行るんで、人の風邪が猫にうつったように見えるんですよ。この質問、ようされるんですよ。飼い主が自分がうつしてしまったと思う人が多いんですね」

「そらぁ焦りますで。自分もしんどい目ぇしたのに、同じ思いを猫にさせたない思うのが、飼い主ちゅうもんですよ」

村田さんは、ミーちゃんを愛しそうに撫でた。

「人間と同じように、寒い時期は出歩いたらアカンいうことですな」

「そう、人間もあんまり夜遊びしたらアカンということですね」

ネコとヒトは種が違うので、ヒトのインフルエンザについては、ネコにはうつらない。だからといって、猫の病気は猫の間だけで蔓延して、ヒトはかからないと言い切れないところが難しい。種を越えて、かかる病気もあるからだ。

それが人畜共通感染症といわれている。代表的な病気は、狂犬病だ。日本では、一九五七年から発生していないが、症状が出たら治療法はなく、死に至る病。しかも、日本語の病名ではわかりにくいが、実際には犬だけでなく、すべての哺乳類が感染する病気なのだ。だから、現在でも狂犬病の発生している国や地域からアライグマやサル、キツネなどを輸入することを禁止する法律もできた。

「人間のインフルエンザは、猫にはうつりませんけど、うつる動物もいてるんですよ」

「え、なんですの?」

「フェレットです。知りませんか?　体重二キロぐらいの、イタチ科の動物です。オッポが長くフワッとした毛を持った」

「白か茶色の小動物でしょう。ハンモックに寝ているよな」

「そうです。あのフェレットは、人間のインフルエンザにかかるんですよ」

「そうでっか」

「だから、飼い主さんが、自分がかかって高熱を出してウンウンゆうてるうえに、飼っているフェレットまでインフルエンザにかかったら、目もあてられませんね。とても看病できる状態ではありませんから」

「ほんまでんなー。ええこと聞いた。得した気分です。ミーちゃん、大丈夫か。どうしようとか悩まんと、こうやって先生に聞きにきたほうがよろしいですな」

「とにかく、治るまでは外に出さんようにしてください。治りかけが危ないし、他の猫ちゃんにうつしたらあきませんから、部屋を温かくして。ほなミーちゃん、お大事に」

●ゆく年、くる年

村田さんを送り出すと、スタッフが節分の豆の準備を始めていた。わが病院は、季節の行事、イベントはまんべんなく面白がって行なう。十二月は待合室にクリスマスツリーを飾るし、正月にはしめ縄風のリースを飾る。

大寒から数えて十五日目が、立春。立春は旧正月でもあるから、前日の節分は一年の終わり、大晦日と同じとされる。そこで、この日を一年の最後の日として邪気を払おうと豆まきが始まったという。もちろん、病院内で豆をまくわけにはいかない。来院した犬や猫が食べるからだ。だから、器に盛った豆を年の数だけ食べるだけ。

「いやぁ、私は今年は大台や。三〇個も食べなあかん」

「先生、そんな一回りもサバ読んだらあきません」

などと言いながら、処置室でお茶を飲み、ポリポリと豆を食べる。

日中は少し春めいた日和だったのに、暗くなってから北風が吹き始めた。暦の上では春だが、本当の春はまだまだ。明日は立春。この日を一年の始まりとしていた時代もあったという。

節分は大晦日か……。私は、この一年を思った。三月、猫のインフルエンザにかかったミケちゃんを木下さんが連れてきた。そして今日は、村田さんが「インフルエンザかも？」とミーちゃんを連れてきた。来月は、フィラリアの検査で大わらわになる。でも、今年は松田先生もいるから大丈夫。そういえば、彼女が来たのは去年の四月だった。

なんだか、あっという間の一年。そうして、まねき猫ホスピタルの新しい一年のサイクルが始まるのだ。

エピローグ

この本に出てくる飼い主は、みんな動物を愛するという点では、共通。「そんなアホな」「あれへん、あれへん」と突っ込みをいれて読んでくださった人が、大部分かもしれない。読後、大阪の血が流れてたこと間違いなし。ええ、そんないやいやと叫んでも、もう遅い！　自分の愛するペットたちが、病気になったり、なんか様子が違うなと思った時に、この本をひもといてください。知らず知らずのうちに、動物の気持ちが理解できて、イヌやネコの気持ちが理解できている自分に気づくはず。「おおげさな〜」と突っ込んでいる人がいるかもしれませんが、ホンマ！　信じて、何度も読み返してください。

この本を出すために、過大なる協力をしてくださった佐藤省一氏、そして、大阪の文化、笑いを理解してくださった、水曜社の仙道弘生氏に感謝しております。この場をお借りしてお礼を申し上げます。ホンマにみなさん、おおきに!!

石井万寿美

石井万寿美（いしい・ますみ）

1961年、大阪府生まれ。1986年酪農学園大学大学院獣医学研究科修了。動物病院勤務を経て独立。大阪府守口市で「まねき猫ホスピタル」を開業。獣医師。アニマルライターとして、スポーツニッポン、毎日新聞、毎日中学生新聞、産経新聞、雑誌『キャッツ』『愛犬の友』『アニファ』などに動物エッセーを連載。著書に『動物のお医者さんになりたい』、『続・動物のお医者さんになりたい』、『ペットロス処方箋』（いずれもコスモヒルズ）、『ペット病院にいらっしゃい』（リバティ書房）などがある。
URL：http://www.sam.hi-ho.ne.jp/manma/

動物の患者さん
まねき猫ホスピタルの診療日記

発行日　2005年9月7日　初版第一刷

著者　石井万寿美
発行人　仙道弘生
発行所　株式会社 水曜社
160-0022　東京都新宿区新宿1-14-12
TEL 03-3351-8768　FAX 03-5362-7279
URL www.bookdom.net/suiyosha/

制作　青丹社
装幀　西口雄太郎
印刷　中央精版印刷

　ISBN4-88065-150-8 C0095